人人都是理财师

张国栋◎主编

CHINA MACHINE PRESS

这是一个人人需要理财的时代，也是一个人人都可以成为自己家庭的理财师的时代。全书共分 5 章，一步步指导你成长为一名入门级的理财人士；前三章分别介绍了理财思维认知、理财专业知识和家庭理财基本功，从理论的层面进行普及和铺垫；后两章重点阐释了家庭理财八大规划并详解了 3 个典型的家庭理财案例，从实操层面给予帮助和建议。

本书适合具有理财需求的大众读者阅读，也可供初入行的财富管理从业者借鉴。

图书在版编目（CIP）数据

人人都是理财师/张国栋主编 . —北京：机械工业出版社，2019. 1

ISBN 978-7-111-61763-1

Ⅰ. ①人… Ⅱ. ①张… Ⅲ. ①家庭管理 – 财务管理

Ⅳ. ①TS976. 15

中国版本图书馆 CIP 数据核字（2019）第 005296 号

机械工业出版社（北京市西城区百万庄大街 22 号　邮政编码 100037）
策划编辑：王　涛　　责任编辑：金梦媛
责任校对：刘晓宇　　责任印制：康会欣
装帧设计：高鹏博
北京宝昌彩色印刷有限公司印刷
2019 年 3 月第 1 版·第 1 次印刷
152mm×229mm·15 印张·153 千字
标准书号：ISBN 978-7-111-61763-1
定价：48. 00 元

电话服务　　　　　　　　　　**网络服务**

社 服 务 中 心：(010) 88361066　　教材网：http://www.cmpedu.com

销 售 一 部：(010) 68326294　　机工官网：http://www.cmpbook.com

销 售 二 部：(010) 88379649　　机工官博：http://weibo.com/cmp1952

读者购书热线：(010) 88379203　　**封面无防伪标均为盗版**

让灵魂赶上你的脚步，让思维赶上你的财富

在遥远的非洲有这样一个故事：有一支西方的考察队深入非洲腹地考察，请了当地部落的土著人做背夫和向导，由于时间紧，需要赶路，而这些土著人很吃苦耐劳，背着几十公斤的装备物资依然健步如飞，一连三天，考察队都很顺利地按计划行进，大家都很开心。可是第四天早上，考察队准备出发的时候，土著人都在休息，好说歹说就是不愿出发。队员们很稀奇，这几天大家相处得很好啊，是不小心触犯了他们吗？还是要坐地加钱？这时，土著人的头领解释道，按照他们的传统，假如连续三天赶路，第四天必须停下来休息一天，以免我们的灵魂赶不上我们的脚步。

灵魂赶不上脚步也发生在当下的中国。1978 年，改革开放的春雷响起，40 年后的今天，中国已经发生了翻天覆地的变化。中国的名义 GDP 翻了 200 多倍，许多产业从无到有，许多领域赶英超美，可圈可点之处数不胜数，从你我的衣食日常，到远方的江河工程与高原天路，一直延伸至头顶的星空宇宙。我国的主要矛盾已经转化为人民日益增长的美好生活需要和不平衡不充分的发展之间的矛盾。个人财富在 40 年中也发生了翻天覆地的变化。

改革开放以来，个人财富的数量持续增长。1978 年，城镇居民人均可支配收入是 343 元，2017 年，全国居民人均可支配收入25974 元，扣除价格因素，比 1978 年实际增长 22.8 倍，年均实际增长 8.5%。在财富普遍增长的同时，大量的财富集中在少数人的手中。2017 年，胡润研究院发布《36 计·胡润百富榜 2017》，这是胡润研究院自 1999 年以来连续第 19 次发布"胡润百富榜"，上榜门槛已连续 5 年保持 20 亿元，2130 人的财富在 20 亿元以上，总财富为17 万亿元。这些超高净值人士持有的巨额财富所需要的管理方式和管理理念与普通人的财富管理理念截然不同。

个人财富的种类也越来越丰富。改革开放初期，大部分家庭的财产种类单一，财产结构简单，只有存款、房产、生产工具、生活用品等财产。现在最普通的家庭财产种类也多达数十种，包括房产、汽车、家用电器、生活用品、存款、金融投资（股票、基金、债券、银行理财、P2P、私募股权等）、公司股权、企业出资、知识产权（著作权、专利权、商标权等），以及比特币、数据、网络虚拟财产等新型财产。种类也渐趋多元，专业复杂的财产在持有、管理、使用、收益的过程中有很多法律的条件和流程，中国普通家庭的财产已经很难全凭常识和朴素的理财观念来管理，专业的事情交给专业的人去做，对专业管理财富的理财师的需求越来越大。

个人财富在地域上的分布也越来越广。改革开放初期，一个人站起身环顾四周就是他的全部财产，现在一个人、一个家庭的财产可能散布在不同的城市，甚至遍布全球。人和财产空间上的分离，也要求有专业的人代理管理外地、境外的财产。

个人财富在数量、种类、地域上发生着巨大的变化，在创富、守富、享富、传富的各个环节面临着复杂多变的环境，个人理财目标也越来越多元、细化、个性化。世界在变，财富在变，人们对财富的认知却没能同步更新。我们很多人对财富的认知还停留在朴素的勤俭持家观念上，打理财产的方法大都来自父母的言传身教，十几年的学校教育中没有哪一门功课能教给孩子们认识财富、管理财富的正确观念，很多人是成年之后才开始有管理财产的意识，自己边摸索边实践。财富的增加提升了每个人的消费能力和生活品质，给家庭提供了发展的机会，但是家庭的收入、支出如何安排才能最大程度发挥财产的效用？看不清走势的房地产市场、消息乱飞的股市、频繁跑路的 P2P 平台，包装得眼花缭乱的理财骗局让我们的财产无处安放。动辄数千万、数亿元资产在生命终结时何去何从？中国富人在几乎所有财富榜单都榜上有名，但是连环债务可能拖垮一连串企业和家庭，婚姻的危机可能断送一家上市公司的前景，企业经营不规范很可能引来牢狱之灾，人身风险可能引来亲人的争产大战，中美贸易战波及之处，财产可能瞬间垮塌。

在财富匮乏的年代，我们饥饿着，渴望财富；在财富大幅增长的时代，我们却生出深深的不安全感。如何"善用财富"，让财富充分发挥价值？如何保全财富、享用财富？科研机构的经济学家、社会学家在研究，金融机构的从业人员在探索，富裕起来的中国普通大众在摸索。"理财普及教育"和"理财职业教育"是理财教育事业的使命，任重道远。

作为中国最早从事理财教育和实践的一群人，我们在与成千上万名金融理财师的教学相长中解读到了对理财系统知识的渴望，在与千千万万客户的互动咨询中洞察到了社会大众最朴素、真实的理财需求。我们怀着深深的使命感撰写这本书，从"理财是什么"这个最基础、最直白的问题开始，探讨当下理财思维的升级变迁；从生命周期、财务安全和财务自由、金融与理财的管理，梳理影响理财的结构化要素；从家庭财务分析、家庭财务风险揭示、金融工具等理财基本功着手，构建家庭理财的八大规划。这八大规划就像个人和家庭财务生命的八大体统，环环相扣、互相成就、互相约束，最终在真实的生活场景中得以应用实践。

在撰写本书的过程中，我们对理财的认知又经过了一次洗礼：其实人人都是理财师，不管你是上市公司的 CEO，是金融机构的理财师，还是一个普通的家庭主妇，每个人都在有意识或无意识地运作着身边的财富，一步一步走着自己的财富之旅。

沃伦·巴菲特说："人生最重要的投资就是你自己。"选择翻开这本书的时候，你已为自己选择了一次理财思维的升级之旅，途中是一步一步财富思维的跃迁，终点是财富自由。财富的变化不会减速，唯有你加速提升自己的理财认知，让思维赶上你的财富，让灵魂跟上你的脚步。

张国栋
2019 年 2 月

　　每个月 10 日是我最开心的日子——发工资的日子，就拿这个月来说吧，从邮箱里查阅人力资源部门发过来的工资明细，扣掉社保的五险一金，扣缴个人所得税，实发 25974 元工资。打开工资卡银行的手机银行，看到工资已经到账。一年前为买车设置了基金定投，选择了平衡型基金，定投时间设置为发工资的当天，系统提示已经自动定投 3500 元。

　　3 年前，老家所在的三线城市房地产开始升值，短期内在大城市买房不现实，和家人商量着在老家先买一套房子，用工作几年来的积蓄加上父母的支持交了首付，从此成了"房奴"，每个月 5000 元房贷成为固定的开支。在工作的城市租房生活，月底租住的房子要交下个季度的房租了，9000 元房租需要预留出来，先放进余额宝中。

手机银行提醒，每月 23 日是信用卡的还款日，查一查上个月的账单，消费了 12000 元，盘算一下一次还款比较吃力，动动手选择了分 6 期还款，虽然要多花一些手续费，但是可以分散还款的压力。

"叮"，某保险公司发来了一条手机短信，给父母买的重疾险保单这个月需要交费了，提醒我缴费的银行卡要有足够的余额。"叮"，又一条短信提醒，是互联网平台提醒我，为自己购买的一年期重大疾病保险、意外伤害保险下个月到期，为了让保障连续无空档，提醒我及时到平台办理续保。前年，去探望过一位患重病的朋友，看到几十万元的医疗费用给家庭带来的压力、给家人造成的困扰，我选择为自己投保了重大疾病保险，今年肯定要继续投保。

午餐时间，同事说最近投资了一个收益很不错的 P2P 产品，年化收益率为 30%，投 1 万元，一年能赚 3000 元，推荐我也一起投资。投资收益诱人，但我更关心安不安全，同事也说不出个所以然。这几天在微信朋友圈中看到很多关于 P2P 跑路的文章，"你惦记人家的利息，人家惦记你的本金"一句段子让我很看重平台的安全性，如何判断一家 P2P 平台安不安全我没有概念，不懂的东西不投资，我坚持这个原则。

15：00 股市收市前，查了查股票交易 APP，持有的两只股票一只跌了 1 个点，一只涨了 3 个点，今天股票赚了 2000 元，晚上约朋友去聚餐，手机提前预约了位子，团购有活动还有优惠。

在赶去和朋友聚餐的地铁上，看到最要好的同学 10 月要参加腾格里大漠的徒步，正在众筹平台筹集费用。他一直坚持自我突破，自我探索的激情感染着我，这次不能一起同行，众筹平台为他助力520 元，借他的眼和心感受大漠。

和朋友见面，说起了各自的近况，我报名参加了线上课程，给自己充充电；她打算辞职创业，和几个朋友一起开公司，成立自己的工作室。畅聊一番，我很看好他们的前景，想参股一起创业，朋友很欢迎，也诚恳地提醒我创业有风险，入股需谨慎。

普通又独特的一天就这样过去了。盘算一下，这个月的工资分配下来已经所剩无几，还好有信用卡和支付宝可以周转。

这样的一天你是不是似曾相识，这里的"我"就是千千万万个你某一时间的缩影。你我都在生活中不知不觉间做出一个又一个关于财产的重要决策。你我的生活和财产的决策息息相关，奇怪的是我们的父母会教给我们很多知识和道理，却很少教给我们如何打理财产，十几年的学校教育也从来没有一门课告诉我们理财是什么，怎么理财，但是生活会教育你我。我们从文化中继承了最朴素的勤俭持家观念，从拿到第一份工资时就在实践中学习，懵懵懂懂、磕磕绊绊，走过弯路，掉过坑，缓慢进步。

这看似普通的生活琐碎，背后蕴含着丰富、深厚的理财逻辑：

1. 理财目标，以终为始

人们理财的目的是为了实现人生的幸福，幸福感来自于需求目标的实现。马斯洛将人的需求划分为五个层次：生理需求、安全需求、社交需求、尊重需求和自我价值实现的需求。每层目标的实现都需要财产的支撑。人生的美好目标又可以按照生命周期具象为收入稳定有成长，衣食无忧有爱好，有房有车有存款，婚姻幸福有感情，子女教育有发展，父母赡养有余力，生老病死有保险，退休养老有品质，生前身后留财产。目标之间环环相扣，互相成就，互相制约。

2. 家庭财务， 望闻问切

要清晰掌握个人的财产真相，家庭财务分析是基本功。家庭所有种类的财富都可用货币量化，收入、支出、资产、负债分门别类。收入反映家庭创造财富的方式，除了依靠个人的体力和脑力创造收入，还要靠用钱赚钱；支出决定着各项生活目标的实现和生活的品质；资产反映家庭财富的成长性、安全性；负债反映家庭的风险现状、信用情况。收入－支付＝结余，资产－负债＝净资产。量化的财务数据帮助我们拨开表象，看透自己真实的财产情况，通过跟踪长期数据能反映自己家庭财富的变化趋势，这都为重要的财务决策提供了依据。

3. 理财工具， 风险收益平衡决策

改革开放40年，人们可以选择的理财工具越来越丰富，如果说以前是一个小卖部，货架上只有很少几种选择，现在的理财工具已经是一个大商场，各种品类琳琅满目，而且快速更新。股票、基金、债券、信托、私募、外汇、P2P、银行理财、保险、黄金……每一种又按照分类标准的不同分为若干的细目。一个人要透彻地了解所有理财工具已经变得不可能，那么如何选择合适的理财工具来实现我们的目标？我们必须找到一把尺子来测量形形色色的理财工具，尺

子的刻度有三个维度：收益性、风险性和流动性。股票的收益相对高，风险也大，流动性强；债券的收益比较低，风险性相对小，流动性相对差。如果年轻人想要快速增值，就可以选择股票；如果是老年人想要保值就可以配置债券。如果是长期不用的资金就可以选择股票；如果是教育金、养老金等确定要花的钱最好优先考虑安全保值，那就要选择债券。人生所处的阶段不同，针对的目标不同，选择理财工具时看中的维度也不同。多种工具组合应用，风险分散，收益平稳，期限错落有致，就是资产配置。

4. 宏观环境，应势而动

现代社会再也不是自给自足、自成循环的农耕时代了，世界已成为地球村，每个人都息息相关，互相影响。中美贸易战僵持对峙，印度人民的收入会下降；阿拉伯地区战争不断，影响全球的科技创新；英国的一家公司上市了，造就中国数位亿万富翁；中国的劳动力价格上升了，拖垮美国的数家企业；一个特区划定了，动摇万千家庭的婚姻；一部法律调整了，所有公司的保险产品重新设计；一对企业家夫妻离婚了，数千万股民的钱瞬间蒸发；一个犯罪案件发生了，所有人都不能使用某款打车软件……

我们和我们的财产是这千丝万缕关系网中的一个节点，政治、经济、法律、文化、名人，甚至一个普通人都会牵动你我，"两耳不闻窗外事"已经不可能，"置身之外"也已经不可能。我们和我们的财产都需要跟随宏观环境的脉动，顺势做出调整。

财富如水流转，不停不慢，你朴素的理财思维要快步赶上财富的节奏，或者你可以借用别人的脑子来实现自己的财富目标和人生理想，把专业的事情交给专业的人去做。

你是主动追求进步，还是让财富倒逼你进步，请做出你的选择！

第一章 理财思维 认知升级

理财是什么，每个人都有不同的理解，但是一直没有人给出一个清晰、准确的定义。脑子里对"理财"这个概念没有准确、正确的定义，那么我们必然没办法准确、正确地继续思考下去。从而产生的连锁反应是，对于理财的思考范围模糊，理财选择依据缺失，进而理财行动错误……进而影响整个生活。

我们在这本书中对理财的定义：理财是对个人或家庭现金流的管理，在收益与风险之间权衡决策。这个定义简洁、准确，而且有指导意义。

我们通过一个例子来理解这个定义。

假设我们投资种植两个品种的农作物。一种是优质的水稻，未来结出的水稻价格高，但是种植难度高、不容易成活，而且生长周期还特别长。我们用它来形容高风险、高收益的金融产品。另一种是普通的小麦，它非常容易活，长速快，但是卖不上价。我们用它来形容低风险、低收益的金融产品。那么你到底是种水稻还是种小麦呢？如果你全部种水稻，有可能赚得很多，但水稻也有可能全部死掉；如果全种小麦不容易死，但是赚得很少。也会有人说能不能两样都种？那会有四种情况出现：

第一种情况：水稻活了，小麦也活了。这时候你是赚钱的。

第二种情况：水稻活了，小麦死了。赚得多的品种活了，赚得少的品种死了，这样一般也是赚钱的，会比第一种少赚点。而且，如果所有的小麦都死了，吃小麦的人没得吃，就需要买水稻，这样会促使水稻的价格上涨。

第三种情况：水稻死了，小麦活了。这时候不敢说一定会赚钱，但是损失不会特别大。如果种植小麦的比例够大，就不会亏本。同时，如果种植的水稻都死了，小麦的价格也会有所增长。

第四种情况：水稻也死了，小麦也死了。这时候很大可能是出现了自然灾害等情况，是一种不可控的因素，这种情况只有用农业保险来解决。

通过上面的例子我们会发现，单独种植一样作物不如分散种植两样，虽然赚到的钱可能少了一些，但亏本的风险被大大降低了。同样，金融产品中风险高和风险低的品种也可以这样购买，其实这就是一种最简单的配置。站在家庭理财的角度上来讲，我们应该充分地利用这种配置，把不同的钱配置在不同的产品里，这样做的好处非常多：

第一，可以防控风险。我们把人生当中不能赔的钱，比如孩子上学的钱，自己未来养老的钱，都可以买成绝对安全的品种，这也就是守住了人生风险的底线。

第二，可以把用于高品质消费的钱买成高风险的产品，一旦赚了钱生活品质就会锦上添花；如果没有赚钱，也不会饿肚子，这样就扩大了人生幸福的可能性。

第三，你会发现高风险和低风险的产品之间往往存在着负相关的关系。水稻死了小麦的价格就会涨，小麦死了水稻的价格就会涨，这两者之间，就是负相关关系。现实投资中，高风险的产品收益差，那么低风险的产品收益往往会提高；低风险产品收益降低，往往意味着高风险的产品会带来更好的收益。一个家庭，只有敢于投资高风险的产品，才能带来更多收益的可能性，才有可能给这个家庭创造更多幸福。

真正高收益的金融产品，投资周期往往较长，而且有一定的风险。我们只能用长期用不到的、能够承受一定风险的钱去博取高收益。具体的金额要根据每个家庭的财富情况、这笔钱的使用期限以及你的风险承受力等因素来决定。

理财是对个人或家庭现金流的管理，在收益与风险之间权衡决策。为了更全面地把握理财的含义，我们可以把它放到历史的纵向维度中去回顾，放到横向的空间维度中去联结，向内看到思维层面的镜像，最终凝练成简单、直接的公式来表达。

第一节　创富、享富、守富、传富

理财这件事在还没有出现"理财"这个概念的时候就在历史长

河中被践行。知名财经作家吴晓波的著作《激荡三十年》《跌荡一百年》《浩荡两千年》翔实地讲述了 3 段中国人与财富的故事，跟随这本书可以看到一条跌宕起伏的创富、享富、守富、传富之路。

改革开放以来的这段历史最为激荡人心。20 世纪 80 年代，在中国大多数人还比较贫困时，中国的第一代富人已经开始创业了。他们依靠自己的勤劳和勇敢创造了大量财富。随着财富的增长，他们开上了豪车，住上了洋房，开始享受生活。在过上奢华生活的过程当中，有的人开始铺张浪费，有的人追求奢靡，很多富人又变回了穷人。2007 年后，中国经济出现下滑，让很多富人开始反思如何守住财富。到今天，20 世纪 80 年代的第一代富人，大多数今天已经六七十岁了，他们开始思考如何传富的问题。中国的第一代富人，到今天已经经历或正在经历创富、享富、守富和传富这四个阶段。

在横向的空间维度中，每一刻都有人在创富、有人在享富、有人在守富、有人在传富。

家庭要创富，积累财富，努力开源，获得人生的第一桶金。创造财富的方式有工作、创业、投资等多种形式，每一种形式都在时代的变革中迭代变化。不管工作岗位如何变化，我们要看到创造财富的本质，工作依赖人的体力、智力创造财富，与人本身息息相关；投资以资本创造财富；创业是人与资本的结合。创造财富的方式不同，理财的源头也不同。

创造财富的目的是满足生存、发展的需要，享受财富，从衣食住行到婚丧嫁娶，从子女教育到个人养老储备，从意外医疗到旅游娱乐。创造财富可能会停止，但是只要生存就不会停止使用财富。这个阶段财富为人、为家庭服务，财富要不断流动起来，合理规划让财富发挥最大的效用，需要日积月累的时间经验，也需要更新迭代理财的思维意识，培养新的理财习惯。

守住财富、保障财富的安全在《2017年中国私人财富报告》中位列"首要理财目标"。保障财富的安全并不仅仅是高净值人士或者富人需要考虑的事情，它与每一个人都息息相关。现实生活中，有很多"妖魔鬼怪"都在理财的路上等待着打劫我们的财富，导致家庭财富缩水。家庭成员的生、老、病、死是自然，如果家庭没有任何保险保障类产品，很容易"一病返贫"。再比如"黑天鹅事件"，这种小概率事件一旦发生，而家庭没有防范机制，就会导致家庭财富的急速缩水。2008年发生的金融危机对全球来说是"黑天鹅事件"，而在近10年中，由于经济衰退采用宽松的经济政策，从而带来的财富转移更是让人意外的"黑天鹅事件"。如10年中不断高企的中国房价。以北京为例，2008年，总价为100万元的房屋，到了2017年左右，房屋总价变成了1000万元。这对于很多普通家庭来说都是天文数字。一个家庭要想在北京安家，首付几百万元从何而来？即使东拼西凑有了首付，接下来的30年左右，也被这1000万元的房屋绑架了。绑架了几代人的钱包，绑架几代人的消费，绑架几代人的幸福！而在这过程中，有些家庭却是受益的，如在2008年之前拥有房屋的家庭，特别是拥有多套房屋的家庭。同一套房屋，只是时间上存在差异，价格却天壤之别。2008年的100万元，到了2017

年身价上涨为 1000 万元，财富从本来就不富有的家庭向拥有多套房屋的富有家庭转移 900 万元，这种"黑天鹅事件"对大多数家庭来说都是灾难。"黑天鹅事件"的逻辑是：你不知道的事比你知道的事更有意义！你无法预判下一次"黑天鹅事件"将在什么时候发生，也不清楚你是获利者还是受害者。但有一点是肯定的，这些都对财富的保护提出了挑战。

传承财富是《2017 年中国私人财富报告》中位列第二位的"理财目标"。家庭财富体量的增加、种类的多元；婚姻、家庭的复杂性提升；传承工具种类繁多、专业复杂；人口、政策、法律等宏观环境的变化让中国家庭的财富传承在极大的不确定性中追求"基业长青"。财富传承是房产、企业、资金等财产本身的传承，也是财富思维、理财理念、精神和文化的薪火相传。克服代际冲突、控制好传承的节奏与火候，形成一脉相承的理财理念，是实现基业长青的关键。

理财是对个人或家庭所处财富阶段的现金流进行管理，既考虑当下的阶段，又兼顾长远的发展目标，顺应宏观环境的机会和风险，针对自身的具体情况，落实在收益与风险之间的权衡决策。

第二节　穷人思维　中产阶级思维　富人思维

理财思维的另一个层面要向内看。罗伯特·清崎在《富爸爸穷爸爸》中提出穷人思维、中产阶级思维和富人思维，概括介绍了理财思维的差异对个人财富和个人生活的影响。

第一种理财思维被称为穷人思维。

存在这种思维的人，不一定是没有钱的人，我们这里说的是一种思维。这种思维的具体逻辑是什么呢？穷人思维的核心表现是：挣多少，花多少，没有结余，没有投资。怀有这种理财思维的人，无论他的收入是低还是高，他都会消费掉，永远也不会有结余。这类人没有积蓄，也不会存钱，一旦遇到财务变故，比如收入发生波动，或者发生意外或疾病需要大额支出，财务马上会陷入困境。

第二种理财思维被称为中产阶级思维。

存在这种思维的人，他的理财逻辑是什么呢？中产阶级思维的核心表现是：收入高，负债高，支出也高，结余很少，所以真正的投资很少或者没有投资。怀有这种理财思维的人，他的负债会随着收入的增加而增加，从而导致支出的增加，而很少有结余，以至于没有过多的结余资金进行真正的投资，最终没有投资收益或者投资收益很少。这类人的家庭资产大部分是由借贷购买而形成的，所以一旦收入发生变动或者遇到意外、疾病等突发大额支出，不仅日常支出会发生问题，债务压力也很可能会成为压垮家庭的最后一根稻草，财务自由就更别谈了！

第三种理财思维被称为富人思维。

存在这种思维的人，即使现在还没有成为我们中间的佼佼者，那么未来也一定会脱颖而出。富人思维的核心表现是：收入进入家庭，首先考虑的是投资，然后再根据投资目标需要的资金额，对收入、支出进行调整，保证结余资金满足投资需求。持有这种理财思维的人，虽然在一定程度上影响了当前的生活质量，但是会使得投资资产的规模不断扩大，投资收益越来越高，最终在某个时候，投资收益能够覆盖家庭的各项支出，那么也就实现了财务自由。提前退休、周游世界都将不再是梦想！

通过了解上面三种思维，你会发现穷人、中产阶级和富人的资金流动是不同的。穷人的收入直接流向了消费支出，中产阶级的收入会先流向负债，富人的收入则先流向投资。穷人和中产阶级出于生活所迫，不得不把钱分配在消费支出上，如果他们不具备富人的思想，就会陷入挣钱就花的死循环，即使收入提高了还是会把钱放到更高的消费中去。而很多富人，在财富初期就放弃高消费，而是把钱放在投资中，让钱帮他去生钱。

第三节　理财等式

理财是对个人或家庭现金流的管理，在收益与风险之间权衡决策。我们把理财的概念进一步凝练为理财等式：收入－支出＝存款→投资。理财等式就像海上航行时的灯塔，是我们个人和家庭理财的方向与操作手册。

"收入"在这个理财等式中的含义要比我们平常认知的更广一些，它不仅涵盖工资收入，还涵盖非工资收入，比如余额宝的收益、基金定投的收益、投资股票的收益、出租房屋的收益……工资收入与非工资收入最大的区别是什么呢？主要看人是不是创造收入的主体。

在很多人的观念中有这样一个认知：劳动创造价值，应该通过积极努力地工作去创造更美好的人生。这个认识本身并没有问题，它强调"人"是创造价值的根本，但是它忽略了另外一个极其关键并能帮助我们摆脱生活束缚的要素——资本。这种认识的偏差，和我们过去对资本的认知有一定的关系，我们从小接受的教育都是强调劳动的价值，而淡化资本的价值。这一点也让很多人失去了实现财务自由的机会。

每个人通过努力工作创造收入，改善生活品质，是我们每个家庭在这个社会上生存最基本的模式，但它却不应该是"唯一"的模式。努力工作意味着我们把自己这个"人"作为了创造收入的"工具"，而"人"这个物种一生能够创造财富的规模，受很多方面的限制，比如人的寿命、身体健康状况、一生的工作时间有限、能力有限、人可能会遭遇意外而导致失能或者早亡等，这些都是我们无法控制的。另外一种方式是通过投资去创造财富，这意味着让"资产"为我们打工，资产本身没有人的诸多限制，它们不需要吃饭、睡觉、发工资、休假，它们只知道为你赚钱。这样一来，家庭实际上有两个"人"在工作，一个是我们自己，获得工资收入；另一个是我们投资的资产，获得投资收入。当有一天，我们的投资已经达到一定规模，投资性收益可以覆盖所有家庭支出，你再也不用为了满足生活必需而出售自己的时间，人生就有了更多的可能性。

当认识到了投资的重要性，就能更加深刻地理解理财等式"收入－支出＝结余→投资"的内涵，我们对家庭财务进行的所有计划与安排，都是为了实现财务自由。倒推回来，怎么把钱结余出来去做投资？这是整个家庭需要对收支进行全面规划的一个系统性问题。家庭现金的安排包括对子女教育费用的安排，对保险费用支出的安排，对购房支出的安排，对退休养老费用的安排等，这些就是我们等式的第二个要素"支出"。"支出"是家庭能够生存运转的基础；只要我们生存下去，就需要消耗资源；只要消耗资源，就需要花钱。人生在世，无论钱有多少，总是感觉不够花，因为我们的欲望是不断膨胀的。收入看上去在一定时间内受制于能力和资产规模，是有限的，但支出可以是无限的，两者之间的这种矛盾关系，让很多人迷失了方向：有的人选择"及时行乐"，所以在花钱的事情上，从来不委屈自己，也有的人选择"牺牲自我"，为了身上的责任，选择委屈自己，开足马力去挣钱，但从来不舍得花钱。

不同的选择，不同的人生岔路口也就此出现。家庭在运转过程中，不断积累财富、储蓄资金的，有了投资的基础，也就有机会让"资产"为家庭打工，让家庭有机会通过投资不断地把"人"解放；而那些没有财富积累，甚至是背着一身债务的家庭，投资机会只能与之擦肩而过。

理财等式"收入－支出＝结余→投资"，实际上是在告诉我们：理财就是家庭现金流的管理，让更多现金流流入家庭，合理安排支出实现家庭的各项目标，让可支配的现金流最高效地为家庭财富保值增值。

第二章　金融理财　专业先行

第一节　生命周期与理财目标

一、家庭生命周期

上一章我们认识了家庭现金流管理的基本概念，你会发现，管理一生当中的收入和支出多么重要，收入多支出少才会有存款，才会去投资。那什么决定我们一生当中的收支情况呢？这和我们生命周期有密切的关系，如图2-1所示。

一个人从出生到死亡，会经历单身期、家庭期和退休期。在这三个不同的时期，人的收入和支出会发生非常大的变化。我们首先看图2-1中的虚线，它是工作收入线。人刚刚毕业参加工作时收入并不高，伴随着年龄和能力的增长，收入会越来越高。在50～60岁时，也就是在退休前，工作收入往往达到顶峰。退休后的工作收入

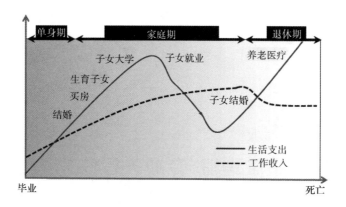

图 2-1　收支与生命周期关系图

不能再增长，而且会下降。

我们再看图 2-1 中的实线，它是人一生当中的生活支出情况：毕业了刚刚开始的工作，单身期一个人生活或者和父母生活，生活支出不大。但后来进入家庭期要结婚、买房、生儿育女，生活支出越来越多，直到自己的儿女大学毕业，生活支出才开始下降。但是，过不了几年，孩子又要结婚生子；自己会逐渐变老，身体也越来越差，生活支出再次升高了。在这个过程当中，你会发现人生有四次收支不匹配的时候：

（1）人在单身期的时候，花得少挣得多，工作收入大于生活支出。

（2）随后开始组建家庭养儿育女，这个阶段生活支出大，但工作收入却是有限的。

（3）孩子毕业工作了，经济可以独立了，我们此时还没有退休，这是工作收入最高、生活支出最少的时候。

（4）退休期阶段，花销非常大，工作收入远远跟不上生活支出。

我们要学会平衡自己的收支，让自己一生当中不会出现无钱可花的现象。收入大于支出的时候，要学会把钱攒起来，比如，我们趁着年轻的时候多攒钱，未来去养老。一生中支出大于收入的时候，我们就要通过借款或者延迟消费来进行解决，比如无法全款买房，就要通过银行的贷款买房或者延缓买房来解决。平衡收支是我们理财首先要解决的问题。

二、 家庭理财目标

人生就是一场旅行，我们的旅行有很多处"景点"。要想顺利走完这场旅行，就要规划好各个"景点"的支出。

收入可以解决"景点"上的支出。只要我们把人生旅行中所有的支出都一一解决，我们的人生就会更加幸福。我们的一生当中，"景点"花销一共有八个：

（1）日常的生活花销。我们每天睁开眼就会花钱，花得零零散散，次数非常多。管理这些花销，首先要养成一个良好的消费习惯。其次，这些钱要保障随时可以支取，因为每时每刻都可能支取。最后，这些钱不能冒风险，一旦亏损将会影响日常的花销。

（2）大宗花销。我们一生当中有一些花销，虽然次数不多，却花掉我们人生当中大量的资金。比如少数几次买房、买车的花销，就花掉了我们人生当中很多钱。管理大宗花销的宗旨是一定要合理。比如，如果买房过大，你可能沦为房奴；如果不买房又失去了一家人其乐融融的乐趣。合理规划、量入而出才能满足这种需求。

（3）孩子的教育花销。教育花销可以说是中国人最刚性的花销。再穷不能穷教育，再苦不能苦孩子。可是很多家长没有发现，真正高昂的教育费用是在大学阶段。如果我们在孩子幼小的时期花费过高，甚至影响大学的教育费用的支出，孩子大学教育金不够，父母只能将自己养老的资金提前用在孩子教育上，这样就影响了养老金的准备。所以孩子的教育金更强调提前规划。

（4）人生风险的支出。我们一生中风险无处不在，经常会遇到一些意想不到的问题，如疾病、伤残等，一旦遇到这些将是很大一笔开支。天有不测风云，唯一的解决方式就是提前预防，运用各种风险管理的手段将风险的损失降到最低。

（5）投资支出。我们将投资也视为一种特殊的支出。要想赚钱，首先要把钱投出去。投出去赚回来才是真正的投资；如果投出去赚不回来，就变成了一种彻底的支出。投资不是赌博，它是将金钱真正融入生产的过程当中，产生出来增值从而赚取收益。这个增值的过程一定会经历一个周期，也会经历一定的风险，最终赚取多少收益也是不确定的。投资者必须学会一一应对这些不确定。

（6）缴税。缴税是我们每个公民应尽的义务，但这种"支出"是刚性的，是由国家规定缴纳的。站在家庭节俭的角度，也应该尽力将这项支出降到最低。税收条款中有很多优惠政策，我们可以巧妙地规划收支，从而达到税费最小化的效果。

（7）养老花销。每个人都希望自己能够安享晚年。老龄化问题让我们这一代不得不把养老规划提上重要的议事日程。养老虽然是一件未来的需求，但提早准备并且放在安全的投资里，才是为我们未来的养老支出上了一道保险。

（8）婚姻财产分配和遗产。人生当中有很多特殊的花销，比如由于离婚所引起的夫妻财产的分割，以及将遗产传承给下一代。这些财产如果处理不好，将有可能给家人带来严重的后果和混乱，不但不能让金钱为他们创造幸福的生活，反而会造成很多不尽如人意的现象。

人生有了这八种花钱的目标，就需要有八种管理的方法来保障这些目标的实现，本书将为你一一讲解八种规划方法，它们分别是现金规划、消费规划、教育规划、养老规划、保险规划、投资规划、税收规划和传承规划。

第二节　从财务安全到财务自由

一、人生的需求

人们理财的目的是为了实现人生的幸福，幸福感来自于需求目标的实现。马斯洛将人的需求划分为：生理需求、安全需求、社交需求、尊重需求和自我价值实现的需求。人们的吃穿住行是最基本的生理需求。伴随着人们生活的富裕，这些最基本的花销也在不断上升，这是一笔不小的开销，而且是刚性支出。人们满足了衣食住行的需求，更希望在人生的道路上有安全保障。它既包含了个人人身和财产的风险，又包含了社会保障制度的完善。生理需求和安全需求都属于基本需求。

当生理需求和安全需求得到满足后，社交需求就自然而然地产生了。人是一种社会性的动物，具体体现在友谊、爱情、隶属等各种人际关系上。人的财富水平决定了人在社交需求上的水平。这个水平有两层含义：一是只有收入增长了，脱离了生理和安全的基本花销，才能拿出更多金钱和精力用于人际交往。二是人们总是和自己财富相当的人进行交往。这种社交往往凝聚了人的资金和资源，使财富又上了一个台阶。

社交需求使人的价值得到进一步提升，同时也希望获得他人的尊重，这种尊重达到极致就是自我尊重，比如很多人的穿着，早期追求名牌，后来逐渐放弃名牌，以穿着舒服为目标，就是一种自我尊重的体现。不需要用别人的"眼光"来评价自己，更多体现的是自信。人们充分自信就会开始追求对他人和社会的价值，这就是自我价值的实现。这是很多人选择做慈善捐款的原因。

人的需求都是逐渐由基础需求向高级需求转变，是由物质层面向精神层面转移。我们要尊重这种自然规律，调动我们的资金满足这些需求，我们不能成为金钱的奴隶，而是要让金钱为我们所用，以达到人生的幸福。

二、 财务安全与财务自由

马斯洛的需求目标中最基本的需求是生理需求和安全需求，在理财上来讲，就是基本的收支平衡。这是理财的首要目标，具体是指：让我们日常生活的花销不犯愁；孩子的教育、买房、养老到时候都有钱可花；人生的基本风险都能抵御。我们常说的财务安全，它是指个人和家庭对自己的财务现状有充足的信心，认为现有财富足以应对未来的财务支出和其他生活目标的实现，不会出现大的财务危机。财务安全更多是靠工作的收入，人们投入大量体力劳动换取收入，来解决这些基本的花销问题。当人们的财富增长到一定水平时，将开始出现结余资金。你要学会用这些资金去增值，从而让你从繁重的劳动当中解脱出来，可以去追求马斯洛需求中更高层次的追求。我们把这种靠投资收入来解决家庭的生活问题，乃至于去追求更高的精神层面的享受，称为财务自由。财务安全和财务自由将我们的众多人生目标划分为两个层面，我们首先要解决人生的基本的花销，也就是解决财务安全的需要，然后利用投资去追求财务的自由。财务安全靠工作收入，财务自由靠投资收入。这两个概念既给我们的众多理财目标划清了界限，又给我们未来的理财行动方向指明了方法，就是通过投资去实现我们人生的财务自由。

三、 理财的原则

要想实现人生的幸福，首先要实现收支的平衡，同时管理好人生的风险。其次，在不断扩大收入的前提下科学投资，创造更多投资收入。最后，不要忘记进一步保护资产：降低税负；划分好夫妻财产；通过有效规划将财产更好地传承给我们的下一代。理财的过程必须坚持以下几个原则。

（1）整体规划的原则。理财不是对生命中的某个阶段进行规划管理，而是规划人的一生。同时，在理财的过程中，也不仅仅是对教育、养老等做单一规划，而是要把教育、养老、投资、税收等一生面对的财务问题综合起来考虑。

（2）提早规划的原则。货币有时间价值，越早投入到投资中，它的复利效应越明显。越早规划未来的养老，我们就有越充足的时间和方法。我们这代人未来一定有许多人，因为忽视及早储备养老，老了将过着窘迫的生活。我们应该居安思危，在风险没有发生的时候就提早规划。

（3）现金保障原则。我们每天基本都需要消费，钱是最好用的生活工具。你必须做好每天的现金储备。我们还有很多意外的花销，不要小看它，发生概率虽然不大，但它一旦发生，你就要迅速拿出现金来解决。比如现在有些保险产品，可以提前赔付，其实就是为了解决这种意外花销的问题。

（4）风险管理优于追求收益原则。现实生活当中，人们往往更愿意追求收益而忽略风险管理。这是一种误区，收益和风险是并存的。追求收益虽然不会使你倾家荡产，但是风险却能给你带来灭顶之灾。理财时，要把风险管理放在第一位。风险管理并不意味着要放弃追求收益。真正的风险管理是要把风险控制在自己可承受的范围之内。比如，我们每天都要去上班，上班的路程当中会有风险，如果你惧怕了这种风险，那就干脆不要去上班了，那收入又能从哪里来呢？其实，不能因为害怕上班的风险而放弃了上班，而是要注重在上班的过程当中乘坐安全的交通工具，来降低自己的风险。

（5）消费、投资和收入相匹配原则。我们都知道，一方面，收入和支出要相匹配，也就是人们常说的量入而出。另一方面，在收入一定的条件下，消费和投资就成了一对矛盾体。过多投资，必然会降低自己的消费水平；过多消费，则丧失了投资的机会。根据自己的家庭情况，将适当的资金匹配到投资当中，才是一个最佳选择。

（6）家庭类型和理财策略要相匹配原则。我们一般把家庭分成青年、中年、老年3种家庭。青年家庭由于年富力强，承受风险的能力较强，这时理财策略应该强调积极主动。中年家庭，上有老下有小，不做投资，无法应对未来的资金需求，过多投资将会影响短期的生活质量，甚至发生资金不足的现象。所有中年家庭，更应强调攻守兼备。老年家庭一般风险承受能力较低，因此应该采取防守的策略。

第三节　金融与理财

实现财务自由，更多需要依靠金融投资。对非金融专业的读者来说，弄懂金融的本质是非常有必要的。金融，顾名思义是资金融通，即资金由一方流动到另一方。说到金融的本质，我们先从金融的"金"字出发，解读它对家庭理财的影响。金指的是资金，即货币。

一、 货币

货币是什么呢？它是充当一般等价物的特殊商品。首先，货币是商品；其次，它是特殊的商品；再次，它是充当一般等价物的特殊商品。从这三点的解读我们了解到货币和普通的商品是不一样的：在一定的区域范围内，它可以实现所有商品的交换。但普通商品和普通商品之间实现交换就有难度，如人类社会早期牛和羊的交换，大小不一，价值不同，很难实行交换。如果有了货币这类特殊商品作为媒介，就很容易实现牛羊的交换，所以货币的出现让商品的交换更容易操作。从货币的定义中得知，货币是用于衡量商品价值的，这意味着生活中有多少商品，就应该有多少货币去衡量商品价值，否则就出现了货币和商品价值不对等的问题。

在历史上货币的形态主要是实物货币，随着科学技术的发展和应用，实物货币逐渐走向信用货币和电子货币，货币的类型开始细化，如 M0、M1、M2 等，它们是按照货币的流动性进行划分的。M0 是指现金，它的流动性最强；M1 是现金＋活期存款，流动性弱于 M0；M2 是 M1＋定期存款，流动性弱于 M1。根据费雪交易方程式，$M \cdot V = P \cdot T$，（M 是货币量，V 是货币的流通速度，P 是商品价格，T 是商品总量），假定 V 是个常数不变，那么 M 的增速 ＝ P 的增速 ＋ T 的增速。现实中，M 指的是 M2，P 指的是 CPI，T 指的是 GDP，所以此公式演变为当年的 M2 的同比增长速度 ＝ CPI 的同比增速 ＋

GDP 的同比增速。根据此公式可以判断一个国家货币的流动性是过剩还是不足。2007 年国际金融危机爆发，全球主要经济大国都采用了量化宽松的货币政策，我国也不例外。2008 年 M2 的同比增速近 30%，而当年的中国 GDP 同比增速 + CPI 同比增速不足 15%，从费雪交易方程式得知，当年我国的货币是超发的，所以近几年我们也能亲身感受到物价节节攀升，即通货膨胀。

所谓通货膨胀，是由于货币供应过多而引起的货币贬值，物价水平持续、普遍、明显上涨的货币现象。由于受通货膨胀的影响，人们的名义货币收入增加，导致纳税人应纳税所得自动地划入较高税率档，形成了档次爬升，因而按较高适用税率纳税。这种由通货膨胀引起的隐蔽性的增税，被称为"通货膨胀税"。故在通货膨胀的经济背景下，要想守住财富，应对家庭资产做出合理的调整，而不能像原来习惯的那样，一味地存款。在通货膨胀背景下，有些家庭的财富是受害的，但也有些家庭的财富是受益的，主要是财富的安排不同，财富的整体收益也不同。从家庭理财的角度来说，要时时关注 CPI 的走势，尽可能实现家庭的整体收益等于或大于同期的 CPI 增速，否则将无法实现财富的保值。

二、融通

接下来我们解读金融的"融"字。融是融通，即资金由一方流动到另一方。在资金流动时，充分体现了一个词"信用"，这个词大家都比较熟悉，就是诚信。金融角度的信用是以还本付息为条件，所有权不发生变化，但使用权发生转移，是一种借贷行为。即在资金流动中是有付出和回报的：由于资金从所有方走向使用方，所有方失去了在这一段时间的货币使用权，所以从经济学的"有付出就应该有回报"的角度，所有方就该获得回报，这个回报就是利息。比如当下，客户把 1 万元现金存入银行定期一年，按照年化利率1.75%，到期后银行给客户的利息是 175 元，即客户在 1 万元现金存入银行后，失去了一年的货币使用权，而 175 元是对客户失去使用权的回报。

在时间的发酵下，不同的计息方式得到的本息和相差甚远，如100 万元的存款，年利率 10%，期限 3 年，单利的本息和是 130 万元，而复利的本息和为 133.1 万元。如果期限是 10 年、20 年、30年呢？差距会更大，这就是复利的力量。因此，爱因斯坦称"复利是人类的第八大奇迹"。当前很多金融工具的计息方式都是单利，所以在家庭理财时一定要关注哪些金融工具是复利，再加上期限较长等因素，那么该金融工具的优势还是很吸引人的，特别是应对一个家庭未来的刚性大额支出，功效是非常明显的，比如用理财型保险产品来解决未来的养老支出问题。

在资金流动的时候，不但要考虑计息方式，还要考虑同时期内利率的高低。平时我们常说水往低处流，钱往高处走，那么钱为什么要往高处走呢？比如，现有三个客户分别是 A、B、C，如果说贷款的期限一样，还款能力、企业的实力等相当，银行会把资金贷给谁呢？银行在评审贷款人的时候，仅从利率高低的角度，会把资金贷给利率更高的客户，这就是所谓的钱往高处走，即实现了资金的流动，这就是金融。

三、 金融工具

资金在融通的过程中，需要凭证来证明此流通过程，这个凭证即金融工具。它具有流动性、收益性和风险性的特点，现实中人们都想拥有流动性强、收益高、风险低的金融产品，但往往理想是丰满的，现实是骨感的，任何一种金融工具都不可能同时满足这三点，这就是鱼和熊掌不可兼得的道理。所以家庭在选择金融工具或资产的时候要提前规划好对它们的定位：是想要流动性、收益性还是安全性。这种定位更多取决于我们的家庭生命周期、理财目标和风险承受度等因素。

现实生活中，人们往往聚焦在金融产品的收益上，对风险视而不见。比如P2P，正中不法者下怀，收益超乎常理的平台开启了跑路之旅，全国"尸骨遍野，哀声一片"。面对惨状，国家监管部门开始发力，频繁出台政策，一些不合规机构开启了"爆雷"之路，特别是2018年盛夏，几乎是P2P的阵亡季。由于非法集资、高利贷而跑路的事件已是近几年的常态，如果人们在选择金融产品时不只关注收益，还充分地了解风险，加上国家利率市场化推动的大背景，相信整个社会的资金流动一定会朝良性的方向发展，资源配置也会达到最佳。

四、"标准普尔"家庭资产配置模型

为了让家庭的资产安排达到最优化的配置，依照"标准普尔"资产配置模型（如图 2-2 所示），每个家庭都应该有四部分的资产安排，每一部分的资产都有不同的功效和定位，以保障家庭的正常运转：保障的钱，特点是安全性高、流动性差、收益低，功效是专款专用、以小博大，在家庭可投资资产中占比 20%；生钱的钱，特点是安全性低、收益高，功效是重在收益，在家庭可投资资产中占比 30%；要花的钱，特点是安全性高、流动性强、收益低，功效是应对 3~6 个月的生活费，在家庭可投资资产中占比 10%；保本的钱，特点是安全性高、收益低，功效是保值升值，在家庭可投资资产中占比 40%。应全面安排资产，充分利用不同资产的特点，满足资产组合效用最大化，即形成风险较低、流动性较强、收益较高的组合。

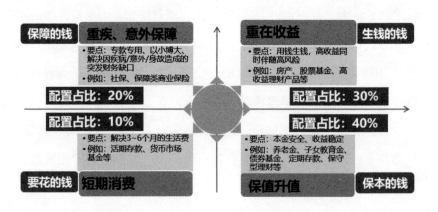

图 2-2 "标准普尔"家庭资产配置模型

最后，我们解读金融的本质。从上面的内容我们得知，金融二字就是资金融通。为什么融通呢？究其原因背后就是一个"利"字，因为在融通过程中，有利息、收益产生，所以金融的本质就是钱生钱。而在资金融通的过程中，之所以有人赚钱，有人赔钱，究其原因，重中之重就是信息不对称，而赚钱往往来源于比别人更早一步地获取信息。因此，我们可以不投资、不理财，但我们必须懂得金融的本质，了解金融背后的逻辑。特别是当前通货膨胀高启的状态下，即使做不到钱生钱，我们也要尽可能做到钱省钱，做到保值、守富！总体来讲，金融就是以增值为目标，以杠杆为手段，以信用为基石，以风险为边界。

第三章　理财基本功 刻意练习

第一节　家庭财务管理

一、 家庭财务管理的含义

一说到财务管理，很多人就会觉得很深奥，一座知识大山瞬间压过来了。其实没有那么复杂，家庭财务管理就是我们家庭生活中管钱的思路和方法。思路清晰了，方法得当了，财富自然就多了。

你的财务状况是否面临危机？我们先来做个家庭财务安全程度自测：

如果我今天停止工作，我（家庭）还能生存（存在）多久？

A. 6 个月以内

B. 6 个月至 3 年

C. 3 年以上

对于上面的问题，不知道你看到的第一眼是什么感觉。可能有些人会蒙圈，因为他们对花钱这件事是顺其自然的，根本就不知道家庭每月花多少钱，甚至很多人只知道自己家有钱，至于到底有多少钱，根本不知道。如果看到这里，你发现自己也存在上面的问题，那我建议，最好立刻盘点一下自己家里的收入、花销和资金的配置情况。

回答我们刚才做的测试，相信能给出答案的人，很多人都在 2 年以下。那来思考一下，这意味着什么？这意味着你的生活直接依赖于你的工作。有工作就有安全感，没有了工作，生活很快就会陷入困境，财务安全程度非常低。一旦失业，家庭生活很容易陷入困境。

我们来看个现实生活中的例子：晓宇是一位 4 岁孩子的妈妈，前几年一直在创业，收入不稳定；爱人是一家软件公司的程序员，年收入 20 万元左右，是家庭收入的主力。虽然收入不错，但是这几年晓宇的家庭根本没有攒下钱，甚至一直是靠大额信用卡进行日常的周转。她自己也很奇怪：钱都花到哪里去了？我们对晓宇的情况进行了细致的了解后发现，其家庭年支出的 50% 左右都花在了孩子身上，剩下的部分除了还房贷、孝敬父母，就只够最基本的日常花销了，根本没有结余。

有人一定会很纳闷儿：一个 4 岁的孩子，怎么消费了家庭这么多的资源呢？表3-1 是具体的花销明细：

表 3-1　晓宇家庭孩子花销明细

（单位：元）

项目	费用	项目	费用
幼儿园学费	40000/年	吃、穿等	10000/年
钢琴班	10000/年	玩具、书籍	3000/年
英语课外班	14000/年	医疗与保险费用	10000/年
舞蹈班	10000/年		

从上面列出的清单我们可以看出，这绝不是个例，每一项看上去都是刚需，舍掉哪一项晓宇都觉得对不起孩子，所以宁可大人受点委屈。这对夫妻可以说是尽一切可能在为孩子创造好的生活和教育环境。中国的很多父母都是这种状态，为了孩子可以付出一切。但是如果按照这种逻辑消费下去，以后 5 年、10 年，晓宇的家庭会变得更富有还是更贫穷？我想很多人都会说："只要努力工作，应该是会更富有的；我的家庭也是这么过来的，但是我现在的生活并没有很糟糕啊！"如果你一直也是这种想法的话，你很可能会被你的工作绑架一辈子，直到退休。退休后收入下降，就会过上窘迫的生活。

二、　家庭财务管理的核心思路

晓宇家庭的收入虽然较高，但支出也很高，尽管看上去都是一些必需的支出，但导致的结果就是，家庭根本没有结余。随着孩子的成长，会有更多意想不到的花销。所以，如果晓宇想维持或者提高家庭的生活质量，就必须更加努力地工作。工作收入提高了，再提高消费……人生就陷入了这种工作、消费的"死循环"。一个人靠自己辛勤工作，挣工资，终其一生到底能创造多大的价值？如果人发生了风险，这个家庭即使提前买了保险，获得了经济补偿，但是家庭的支柱倒了，未来还有多大的希望呢？那些传奇人物，比如巴菲特、亚马逊创始人贝索斯、微软总裁比尔·盖茨，他们拥有那么多财富是因为工资高吗？

我们必须找到方法跳出这个"怪圈"。还记得我们此前已经强调过的投资吗？这是我们通往财务自由的唯一途径。要想把这条路走通、走好、走到终点，其中的关键法宝就是：

理财等式：收入－支出＝结余→投资

在这个理财等式当中，"现金流"是灵魂。无论家庭的收入、支出、结余，还是投资，实际上都是在为维持我们家庭正常运转而对家庭资金进行的一个资源的分配。无论你是否懂理财，你都在按照你的思维去分配这个核心资源，但是不同的思维造就了不同的结果：有的成果非常耀眼，基于科学管理，"现金流"报以巨大的回馈——财务自由；有的成果则非常惨淡，基于盲目的管理，"现金流"难以为继——财务危机。

我们要想实现财务自由，把自己从生活的各种束缚当中解脱出来，从"忍受"生活变成无忧无虑地享受生活，需要家庭的非工资收入（投资收入）大于总支出。投资收入来源于投资资产，如何扩大现金流的规模来进行有效投资，关键的解决方法在于：你要对家庭的收支与结余进行有意识的严格控制，以达到增收节支，扩大结余，扩大投资，增加投资收入的目的。

你未来想拥有的生活质量决定了你今天的投资目标，如果你追求越高，那么当下你应该结余出更多的资金用于投资，从而你需要在家庭的收入与支出方面精打细算，你可以选择进行职业规划，另谋高薪；你也可以选择控制家庭的支出，在日常生活花销、意外花销以及子女教育、退休养老等各种花销之间做一个有力的权衡。当然，想要实现未来的幸福，需要你牺牲当前的享乐来换取。

如果你想抓住这个机会，改变未来的人生，那就让我们一步一步地解决财务问题。

三、 家庭财务管理工具

既然知道了让财务越来越安全的路径是"收入 – 支出 = 结余→投资"，那我们下一步就需要将这个理财等式在现实生活中有效执行，理念需转化为现实才能实现最终的价值。而要想把等式转化到行动，我们需要掌握家庭财务管理的六大要素和三大报表，这两个工具我们学会了，基本上就能收集和整理自己家庭的财务信息了，然后分析数据发现财务问题，再去调整财务安排。定期不断地循环这个过程，就能使家庭财务状况向良性发展。

（一）家庭财务六大要素

家庭财务六大要素分别是收入、支出、结余、资产、负债和净资产。收入、支出和结余，这三个要素应该比较好理解，也就是家庭每个月的收入、花销和结余的钱。而资产、负债和净资产，相对而言会比较专业。为了能做到真正利用数据管理我们的家庭资产，达到保值升值的目的，我们必须明白资产和负债的意义。资产通俗来讲，就是未来能给你带来现金流流入的东西，也就是会把钱装进你口袋的东西。有些资产并不一定属于你，但却能给你带来收益。而负债就是未来会导致现金流流出的东西，也就是会把钱从你的兜里掏走的东西。

之所以要弄清楚六大财务要素，是因为我们要做家庭的财务报表，目的是为了帮助我们看清我们家庭中收入的情况、花销的情况、财富能够增值或者缩水的情况。举个例子，我们在一般的家庭财务数据梳理时，都会把自住房和家用汽车当作最重要的资产归入家庭实物资产当中，因为这是大部分家庭都会有的。但是我们在做财务报表的时候，则不用把自住房和家用汽车放进去，因为，自住房是自己家庭居住的，无论价值高低，未来都不会替你赚一分钱，相反，有时，你还得为它花钱。比如汽车的油费和保养，都是一种消费。自住房也是如此：大部分自住房是用抵押贷款的形式购买的，也就是通过借债而来，借债就需要支付利息。自住房不仅不会给家庭带来财富规模的扩大，反而会不断吞噬家庭宝贵的现金流，因为每月还房贷就没有资金用于投资。从表面上看自住房和家用汽车都是我们家庭的财富，但是从实质却是我们的"债务"。所以，你把它放到财务报表的意义不大。

我们要清楚地区分资产和财产。就像养鸡是为了下蛋一样，你的每一只母鸡其实都是你的资产，但是如果你把公鸡也放到你的资产里，就没有什么用，只是自己骗自己，因为公鸡不会下蛋，你不会因为拥有1万只公鸡而变得越来越富有。那些自住房、家用汽车，说白了只能算是财产，但是它们不是资产。说完了资产和负债，净资产就容易理解了，用资产减去负债，剩下的就是净资产。

（二）家庭财务管理的三大报表

理解了六大财务要素，就可以填制三张财务报表了，它们分别是：家庭资产负债表（见表 3-2）、家庭收入支出表（见表 3-3）和财务比率表（见表 3-4）。

表 3-2　资产负债表

（单位：元）

客户：			日期：		
资产			负债及净产		
项目	金额		项目	金额	
现金与现金等价物			住房抵押贷款		
活期存款			汽车贷款		
货币市场基金			企业投资贷款		
定期存款			信用卡		
其他金融资产			投资性房产抵押贷款		
股票					
债券			**负债总计**		
基金					
P2P					
实体资产					
投资性房产（商铺、办公楼等）					
企业投资					
资产总计			**净资产总计**		

表 3-3 收入支出表

(单位：元)

客户：　　　　　　　　　　　　　　　　日期：

收入		支出	
项目	金额	项目	金额
工资收入		住房抵押贷款	
先生		汽车贷款	
太太		信用卡支出	
非工资收入		子女养育支出	
利息		额外支出	
股利		其他支出	
投资性房产		税金支出	
企业投资		**支出总计**	
收入总计		**结余总计**	

表 3-4 财务比率表

财务比率	计算公式	参考值	实际值
结余比率	结余÷税后收入	0.3	
财务负担比率	债务支出÷税后收入	≤0.4	
流动性比率	流动性资产÷每月支出	3	
财务自由度	非工资收入÷总支出	越大越好	

　　我们借助一个案例，来看看怎么运用财务六要素和三大报表。

　　张先生是一个成功的中产阶层白领，大学毕业后经过多年打拼，升任北京某知名财经公司总监，每月税后收入 5 万 ~ 10 万元，拥有东四环高档社区 100 余平方米住宅一套，市值 600 万元左右，出入驾驶宝马，价值 40 万元，妻子美丽贤惠，儿女双全。

从上面的介绍来看，张先生真是令人羡慕啊！然而，这只是我们能看到的风光一面，下面我们了解一下风光背后的更多细节：

一辆车和一套房全部贷款购买，房子贷款 550 万元，每月还款15000 元，还款 30 年，未还余额为 450 万元左右；宝马车贷款 19 万元，每月还款 5000 元，3 年还清，未还余额为 12 万元；为方便接洽更多业务，租下一处物业改造成摄影棚，每月租金 7500 元；聘请一位固定助理，月薪 6000 元；儿子和女儿幼儿园学费 20 万元/年；家庭的其他开支每年大概为 40 万元。目前的投资资产仅有 30 万元银行存款和 10 万元股票，妻子全职在家照顾孩子。

从上面的细节来看，张先生在光鲜的外表之下，承受着巨大的经济负担。因为仅从文字上分析并不直观，所以要想了解张先生真实的家庭财务状况，我们需要借助家庭财务报表——资产负债表（见表 3-5）、收入支出表（见表 3-6）和财务比率表（见表 3-7）。

表 3-5　张先生家庭资产负债表

（单位：万元）

张先生家庭		××××年××月××日	
资产	金额	负债与净资产	金额
现金与现金等价物		住房抵押贷款余额	450
银行存款	30	购车贷款余额	12
货币市场基金		信用卡余额	
其他金融资产		投资房产抵押贷款余额	

张先生家庭		××××年××月××日	
资产	金额	负债与净资产	金额
股票	10	其他负债	
基金			
银行理财			
保单现金价值			
实物资产			
自住房	600		
投资房产		负债合计：	462
汽车	40	净资产：	218
资产总计：	680	负债与净资产总计：	680

表 3-6 张先生家庭收入支出表

（单位：万元）

张先生家庭		××××年1月1日—12月31日	
年收入	金额	年支出	金额
工资薪金		房屋按揭还款	18
张先生	100	汽车贷款还款	6
张太太		日常生活支出	30
投资收入		子女教育费用支出	20
利息和分红		其他支出	
资本利得		租金支出	9
租金收入		支出	7.2
其他			
收入总计：	100	支出总计：	90.2
年结余：		9.8	

表 3-7　张先生家庭财务比率表

财务比率	计算公式	参考值	实际值
结余比率	结余÷税后收入	0.3	0.098
财务负担比率	债务支出÷税后收入	≤0.4	0.24
流动性比率	流动性资产÷每月总支出	3	4
财务自由度	非工资收入÷总支出	越大越好	0

通过对信息进行整理，张先生一家的财务现状更加清晰地展现在我们面前。退一步，我们暂且按照最传统的认知，把张先生家的自住房和汽车都认定为资产，我们会发现：

（1）张先生家庭的主要"资产"为自住房和汽车，其价值占整个家庭资产规模的94%，因为都是自用资产，如果不考虑卖掉，它不仅不能为张先生带来任何现金流入，反而每月都有一笔高昂的贷款支出，从这一点来说，自住房和汽车并不是真正意义上的资产，而是理财中典型的负债。房贷还要还30年，基本将张先生退休前每月收入的很大一部分都锁定了，它吞噬了家庭每月相当高的收入，导致这部分钱根本没有机会投资。另外，张先生每月贷款还款额为2万元，每月收入为8万元左右，还款占收入的比例为25%（财务负担比），警戒线为40%，所以比例并不算很高，风险尚在可控范围之内。

（2）相对于家庭资产总额，张先生家庭的负债总额占比已经达到了68%，说明当前家庭的运转一半以上是靠债务来维持的，它已经超过了警戒线50%，这一比率（负债比率）越高，财务风险也就越大，如果未来收入发生波动，则可能直接威胁到后续的还款。

（3）张先生家庭当中，真正能带来投资收益的资产只有30万元银行存款和10万元股票。前者收益极低，在通货膨胀下，收益基本上可以忽略不计；后者风险极高，非专业投资者很难有不错的收益，而亏损的风险却是极高的。同时，这两项资产在家庭自有资产的占比（投资与净资产比率）仅为18%，远低于50%的正常水平，不仅意味着家庭的"存粮"过少，难以应对突发的财务变故，也意味着家庭的资产增值能力非常低。同时，家庭每年的结余只有9.8万元，占整个年收入的比例仅为9.8%（结余比率），远低于30%的正常水平，这意味着，家庭不仅是"存粮"不多，而且每年的"新粮"也很少，结果就是，维持家庭未来正常运转的所有希望都建立在张先生的收入上。

（4）张先生家庭每月各项支出合计约为7.5万元，家庭可以动用的资金为40万元，按此计算，一旦收入发生变故，家庭只能坚持5个月，5个月之后，只能选择卖房。所以从这一点来说，在家庭支出不增加的前提下，张先生不能失业超过5个月，否则家庭将陷入困境。

综合来看，张先生家庭的问题是：高收入引发高负债，高负债引发高支出，高支出引发低结余，低结余引发低投资，低投资引发高风险。这一系列的循环，导致最后没钱投资，没钱投资导致没有资产收益，家庭只能靠人赚钱，而人一旦发生风险，家庭就可能被打入万丈深渊。

在看完张先生的案例以后，你有没有觉得：不懂理财就像是在蒙着眼睛朝着悬崖奔跑呢？审视一下自己的财务状况，看一看自己距悬崖还有多远呢？

第二节　家庭风险揭示与风险管理

听到"风险"两个字，我相信很多读者朋友马上就会联想到糟糕的事情。我们生活中到处都存在风险，不管我们喜不喜欢，风险总会不请自来。风险会对我们造成伤害，这种伤害是我们都不愿意承担的，所以我们要对风险进行管理。

一、认识风险

风险是指某种事件发生的不确定性，并且这种不确定性会影响人们的经济利益。它有5个特征：

（1）客观性。风险是一种状态，不管人们是否意识到，风险都客观存在。客观性决定了人们进行风险管理的必要性。风险管理会改变风险发生的概率和降低损失的程度。

（2）普遍性。自从人类出现以后，就面临着各种各样的风险，如自然灾害、疾病、伤害等。随着社会的进步、科学技术的发展、生产力的提高，风险已经渗透到社会、企业、个人生活的方方面面。风险对人们的生活构成威胁，所以要进行风险管理。

（3）不确定性。风险不确定性通常包括：风险是否发生不确定，风险发生的时间不确定，风险发生的地点不确定，风险所致的损失不确定，风险承担主体不确定。

（4）可测性。风险是一种损失的随机不确定性。但是在有大量损失经历的情况下，人们往往可以在概率论和数理统计的基础上，利用测算损失分布的方法来计算风险发生的概率、损失的大小等，为风险管理打下基础。

（5）发展性。人类在自身进步和发展的同时，也创造和发展了风险，改变了风险的性质，使风险的种类发生了变化。随着人们对风险认识的提高和管理措施的不断完善，风险发生的概率也发生变化。

二、 我们能遇到的风险的种类

风险的种类繁多，但是我们日常能遇到的却较少，主要分为人身风险和财产风险。

（一）人身风险

人身风险主要分为死亡风险、健康风险、意外风险和长寿风险。

1. 死亡风险——死得太早

随着社会的发展，医学越来越发达，病人被治愈的概率得到提升。但是因病死亡的人口却不在少数，意外和自然灾害导致死亡的事情在生活中频频发生。《2017 年人口统计数据》显示，2017 年，我国全年死亡人口 986 万人。造成死亡的原因很多，我们主要了解一下因病死亡和因自然灾害死亡的情况。

疾病导致死亡的案例比比皆是，尤其是心血管病。国家心血管病中心发布的《中国心血管病报告2017》显示：心血管病死亡居首位，占居民疾病死亡构成的40%以上，高于肿瘤及其他疾病。如果家庭主要收入者因病而死，可能导致整个家庭出现"一病回到解放前"的场景。

如果说病会导致一个生命的结束，自然灾害和意外事故则会导致一群生命的离世。自然灾害和意外事故导致大量人口死亡，我们的生存环境随时面临自然灾害和意外事故，其中仅每年家庭火灾的死亡人数就触目惊心。据公安部统计，家庭火灾每年5万件起，约占火灾总数的1/3。在家庭火灾中导致死亡的人数每年为800余人，占火灾死亡人数的70%以上。

2. 健康风险——病得太惨

随着社会的发展，人们吃得越来越好，同时工作压力也越来越大，环境污染等问题日益突出。疾病风险对于每个家庭而言都是无法回避的，其发生率很高，尤其是癌症。2017年2月，国家癌症中心发布的数据显示：我国每天约1万人被确诊为癌症。生存环境的恶化、食品安全、大气污染、工作压力等因素对我们健康的影响日趋严重，癌症等重大疾病的发病率还将不断提高。

3. 意外风险——来得突然

人身风险中除了生命和健康风险，意外风险也不容忽视。意外风险意外事故害人不浅，尤其是交通事故可能导致人死亡和残疾。我国的交通事故死亡人数已经多年居世界第一。《道路交通运输安全发展报告（2017）》数据显示：2017 年我国的交通事故死亡人数约为 6 万人。残疾原因中，因意外事故致残的比例有升高趋势。中国保险行业协会发布的《中国保险人群意外伤害风险研究报告》告诉我们：交通类风险是第一位的意外风险原因。

（1）男性的意外伤害风险高于女性，在中青年（20～59 岁）阶段，男性意外风险是女性的 2.38 倍。

（2）0～19 岁青少年儿童的首位意外风险是意外溺水或水灾，说明青少年溺水风险需要重点关注；在 20～49 岁阶段，无生命机械力量是导致意外伤害的首要原因；50 岁以上年龄段的人群，最大的意外风险是跌倒坠落。

（3）老年人的意外风险高于中青年，中青年的意外风险高于青少年。

（4）因意外溺水或水灾致死致残的事故中，死亡占比超过 96%，溺水带来的危害后果非常严重。

（5）青少年在暑假的意外风险较寒假及其他时间段高。

（6）"十一"长假较其他时间段高。

4. 长寿风险——活得太久

还有一种让人又爱又恨的人身风险是"老龄化"风险。相信绝大多数读者朋友都希望自己长命百岁，但是却不愿意承担老年人的痛苦：人活着钱不够，疾病引起的大笔医疗费，需要长期护理等问题。

中国已经步入老龄化社会，老年人口相对增多，在总人口中所占比例不断上升，社会人口结构呈现老年状态。根据 1956 年联合国《人口老龄化及其社会经济后果》的划分标准，当一个国家或地区 65 岁及以上老年人口数量占总人口比例超过 7% 时，则意味着这个国家或地区进入老龄化。1982 年维也纳老龄问题世界大会确定，一个国家或地区 60 岁及以上老年人口占总人口比例超过 10%，意味着这个国家或地区进入严重老龄化。截至 2016 年年底，中国 60 岁及以上老年人口超过 2.3 亿，占总人口的 16.7%；65 岁及以上老年人口超过 1.5 亿，占总人口的 10.8%。预计到 2050 年，中国老年人口将达到 4.8 亿，约占届时亚洲老年人口的 2/5、全球老年人口的 1/4，比现在美、英、德 3 个国家的人口总和还要多。老龄问题将给中国百姓带来新的挑战。

（二）财产风险

我们的财产可以分为不动产（如房产、车等）和动产（如股票、基金、存款、信托、存单、期货、银行理财产品等）。我们的这些财产将会面临法律和投资方面的风险。

1. 法律风险

如今我们手中的财产形式多样，多样的财产在婚姻家庭中和遗产传承中面临着很多法律风险。例如，房产是大部分家庭拥有的主要财产，这一财产在离婚时或继承时会存在很多风险。最典型的是由于长辈遗嘱不清，导致晚辈在房产继承上发生纠纷等。

2. 投资风险

随着人们财富的增多，金融投资越来越火，但欺诈也充斥其中。

我们来看一些金融投资中血淋淋的教训：近期 P2P 行业"雷声"隆隆，以致行业流传着这样一句话："南京雷完上海雷，上海雷完杭州雷……"据统计，2018 年前 5 个月，每个月倒闭的 P2P 平台平均在 20 家左右；到了 6 月，"爆雷"数量猛增至 63 家；进入 7 月，已经达到 100 多家。资产涉及近 10 万亿元。

追求高收益是人性，但是我们要理性，我们投资的时候一定要结合自己的风险偏好、家庭情况和理财目标等，在管控好风险的前提下再追求收益。

除了欺诈风险外，投资还会面临不确定风险及天灾人祸的情况。2016 年全国百姓疯狂投资房地产，但是投资会面临很多不确定性。天灾人祸的情况更是时有发生，例如 2008 年的地震导致房屋倒塌，对在汶川投资买房的人来说也是风险。

三、风险管理

我们面临人身和财产上很多风险，这些风险一旦发生，会对家庭的财务状况产生影响。风险一旦来临，人们为了保证生产和生活正常延续与进行，必须有足够的资金应付损失。风险所带来的物质损失会使人们的消费水平降低。同时，风险还会导致相应的支出增加，例如健康风险导致医疗费用增加。为了使经济损失降到最低，我们必须对风险进行管理。所谓风险管理，是指在风险识别、风险预测的基础上，确定风险所致的损失严重程度后，用最合理有效的风险管理技术，对风险进行控制。具体分为以下几个步骤：

（一）风险识别

风险识别是风险管理的重要环节。没有意识到风险是最大的风险。只有全面了解各种风险的基础上，才能预测风险可能造成的损害，从而选择风险处理的有效方式。

（二）风险预测

风险预测，是指人们运用科学的方法，把掌握的统计资料、风险信息及风险性质进行分析和研究。在当下大数据和互联网时代，可以更加精确地确定各项风险的频率和强度，为选择合适的风险管理方式提供依据。

一些风险的发生概率：

受伤：发生概率是 1/3；

车祸：发生概率是 1/12；

心脏病突然发作（如果您已超过 35 岁）：发生概率是 1/77；

在家中受伤：发生概率是 1/80；

死于心脏病：发生概率是 1/340；

死于中风：发生概率是 1/1700；

死于车祸：发生概率是 1/5000；

死于飞机失事：发生概率是 1/250000。

（三）风险评估

在风险识别和风险预测的基础上，对风险发生概率、损失程度等因素进行全面考虑，评估风险的可能性及危害程度，与公认的安全指标比较，衡量风险的程度，决定是否需要采取相应的措施。

（四）风险处理

1. 风险处理的种类

风险处理是指针对不同类型、不同规模、不同概率的风险，采取相应的对策、措施或方法，使风险所带来的损失和影响降到最低。其方法有以下几种。

（1）风险回避。是指直接回避风险，或不去做可能导致风险的事情，从而避免某种事情的发生及由此带来的风险。比如为了避免空难改成火车，但也可能会带来其他风险。

（2）损失控制。是指在面临潜在风险时，采取措施控制风险，降低风险发生的概率和在风险发生后降低损失。例如：加强锻炼身体预防疾病；黄河决堤时积极救助，以减少损失。

（3）风险自留。是指风险带来的损失由自己或家庭本身承担。这种方式适合小额损失，例如对普通家庭来说感冒发烧的医疗费，但是大额损失不建议自留。

（4）风险转移。是指将风险转移出去，使得同一风险分散到相关的多个个体上，从而使得每一个个体承担的风险相对以前减少。

2. 风险处理的措施

风险处理的类型很多，对不同风险可以采取不同的措施。但从风险处理的过程来看，总体上可以分为非保险型风险管理和保险型风险管理两大类。前者是对风险加以改变，而后者不试图改变风险，只是在风险损失发生时，保证有足够的财力资源来补偿损失。保险既有风险控制的功能，又有风险损失的财务安排（分摊和补偿损失）

功能。保险通过订立保险合同，将风险转移给汇集大量投保人的保险公司，从而实现风险的高度分散。在个人、家庭、企业开展风险管理的过程中，保险作为转移风险的有效手段，被广泛应用于各个实务领域。

任何一种风险管理技术都有其优缺点和各自的适用范围，没有一种风险管理方法可以管理所有的风险。我们在实践中要比较各种方法的成本和收益，针对具体的风险选择具体的方法，从而选择正确的方案。

第三节 理 财 工 具

一、现金类

（一）现金类资产的概念

现金是我们生活中很重要的一项资产。一提到现金，很多读者就会想到人民币。现金不仅仅包括我们常用的纸币和硬币，还有相关的银行储蓄产品，以及随着社会发展出现的"支付宝"和"微信钱包"类现金产品等。

（二）现金类资产的种类和特点

现金类资产有两个突出的特点：强流动性（是指可以快速变现，没有损失或损失很小）和低收益。我们重点认识一下相关储蓄产品、宝宝类产品。

1. 相关储蓄产品

（1）活期储蓄。活期储蓄没有固定存期，可随时存取，起存金额1元起，领取金额方面，在柜台领取金额不限，ATM机领取一般100元起。办理手续简单。存储期间也有利息但是很低，2005年9月21日起，个人活期存款按季结息，按结息日挂牌活期利率计息，每季度末月（3月、6月、9月和12月）的20日为结息日。

（2）定期存款。定期存款是银行与存款人双方在存款时事先约定期限到期后支取本息的存款。投资起点为50元。存款期限及央行基准利率为3个月（1.1%）、6个月（1.3%）、1年（1.5%）、2年（2.1%）、3年（2.75%）和5年（2.75%）。自2015年5月11日起，中国人民银行决定金融机构存款利率浮动区间上限为存款基准利率的1.5倍。之后大家会看到很多银行的1年期定期存款利率将在央行基础上上浮50%。

2015年10月24日起，中国人民银行决定对商业银行和农村合作金融机构等不再设置存款利率浮动上限，于是有些银行的定期存款利率就比较高，以吸引储户。但需要提示各位读者朋友，不要因为有高息就在某家银行定存大量存款，因为我国2015年5月1日出台了存款保险条例，一旦银行出现危机，保险机构将对存款人提供最高50万元的赔付额。请记住，这是最高上限。

（3）大额存单。大额存单是由银行业存款类金融机构面向个人、非金额企业、机关团体等发行的一种大额存款凭证。与一般存单不同的是，大额存单在到期之前可以转让，期限不低于7天。我国大额存单于 2015 年 6 月 15 日正式推出。目前，大部分银行的个人投资起点是 20 万元，期限包括 1 个月、3 个月、6 个月、9 个月、1 年、18 个月、2 年、3 年和 5 年共 9 个品种。利率为同期存款基准利率上浮 40% 左右。

2. "宝宝类"产品

宝宝类产品本质上是货币市场基金。货币市场基金一般主要投资于短期货币市场工具如商业票据、银行存单、短期政府债券、短期企业债券等短期有价证券。余额宝就是典型的货币市场基金。在 2013 年 6 月余额宝横空问世之后，各种宝宝类产品如雨后春笋般涌现——货币市场基金就成为投资市场上火爆的工具之一。原因是宝宝类产品有以下优点：

（1）安全性高。《货币市场基金管理暂行办法》规定：货币市场基金能够投资的金融工具主要包括：现金；1 年以内（含 1 年）的银行定存、大额存单、大额可转让存单；期限在 1 年以内（含 1 年）的中央银行票据；期限在 1 年以内（含 1 年）的中央银行票据；剩余期限在 397 天以内（含 397 天）的债券和资产支持证券；期限在 1 年以内（含 1 年）的债券回购等货币市场工具。

（2）收益较好。货币市场基金收益较好，比 3 年期央行的基准利率要高，目前市场年化利率在 4% 左右。

（3）流动性较强。货币市场基金变现能力比较强，通常 T + 1 个工作日资金就能到账。随着科技的发展，有些平台承诺 2 小时就可到账，虽然金额有限制，但是却起到活期存款的作用。

（4）投资成本低。货币基金属于基金的一种，一般基金的申购（买）或赎回（卖）都需要一定的交易费用，但是货币基金不收取交易费用。

（5）投资起点低。货币市场基金优点不少，很多读者朋友担心起点会很高，答案是否定的，货币基金门槛很低，甚至几分钱都可以投资。

（三）现金类资产投资技巧

通过上面的介绍，我们发现宝宝类产品是个不错的金融工具，于是有很多冲动的伙伴想把所有的资金放入宝宝类产品，这样一来，尽管安全性和流动性好，但是相对其他大类资产收益较低，在一定情况下跑不赢通货膨胀。所以，投资宝宝类产品可以保证家庭对流动性资产的需要，但是要有一定额度限制。建议读者朋友们为家庭保留3~6个月支出的现金类资产，以应对家庭临时性的支出，其他的资金可以进行合理的投资，以保证家庭财富的升值。

二、银行理财产品

（一）银行理财产品的概念

原银监会出台的《商业银行个人理财业务管理暂行办法》文件中，对"个人理财业务"的界定是："商业银行为个人客户提供的财务分析、财务规划、投资顾问、资产管理等专业化服务活动"。商业银行个人理财业务按照管理运作方式的不同，分为理财顾问服务和综合理财服务。我们一般所说的银行理财产品，其实是指其中的综合理财服务：商业银行在对潜在目标客户群分析研究的基础上，针对特定目标客户群开发设计并销售的资金投资和管理计划。在理财产品这种投资方式中，银行只是接受客户的授权管理资金，投资收益与风险由客户或客户与银行按照约定方式承担。

基于对银行的信任，银行理财是目前中国大部分百姓或多或少都会投资的产品。根据 2017 年年底的数据，银行理财有将近 30 万亿元的规模，其中保本理财超过 7 万亿元，占据了资管业务最大份额。随着保本理财产品逐步减少，2020 年年底过渡期满之后，银行保本理财将正式告别历史舞台。

（二） 银行理财产品的种类

根据《商业银行个人理财业务管理暂行办法》，理财计划分为保证收益理财计划和非保证收益理财计划两大类。每种理财计划根据收益与风险的不同又分为两类。因此银行理财产品共计四类：固定收益理财计划、最低收益理财计划、保本浮动收益理财计划和非保本浮动收益理财计划。

1. 固定收益理财计划

固定收益理财计划的投资者获得固定收益，若是理财资金经营不善造成损失，由银行承担；收益超过固定收益的部分由银行获得。固定收益理财计划的收益都会高于银行同期存款利率，从而吸引投资者。

2. 最低收益理财计划

最低收益理财计划是银行向客户承诺支付最低收益，其他投资收益由银行和客户按照合同约定分配。最低收益通常为同期存款利率。这种产品在风险大于固定收益的同时，也会获得较高收益。

3. 保本浮动收益理财计划

保本浮动收益理财计划是银行保证客户本金的安全，收益按照约定在银行与客户之间进行分配。银行为了获得高收益也会投资较高风险的投资工具。若造成损失，银行会保证客户的本金安全。

4. 非保本浮动收益理财计划

非保本浮动收益理财计划是商业银行根据约定条件和实际投资收益情况向客户支付收益，但不保证客户本金安全，风险完全由客户承担的理财计划。

（三）银行理财产品的特点

银行理财产品有优点也有不足，建议各位读者根据自己的家庭状况和风险承受能力选择合适的产品。银行理财产品的特点如下：收益通常高于银行存款；安全性较高；流动性差：大部分银行理财产品不能提前支取；面临利率和汇率的风险。

（四）购买理财产品的注意事项

1. 安全问题

只要是投资必定伴随风险，收益越高风险也越大。新手投资者在购买银行理财产品时，看到非保本浮动收益型的理财产品往往比较担心，生怕风险太大，会出现问题。实际上，银行理财产品相对而言风险较低，由银行风控团队审核的理财项目在把关上更加严格，当然不是说一定不会出现问题，而是说出现问题的概率相对很低。风险等级为 R2 的非保本类产品就可以放心购买。

2. 资金流向问题

银行把投资者的资金募集之后，会拿去投资，说明书上都会提及，一般投资渠道包括存款等高流动性资产、债权类资产等，大家购买银行理财产品时要详细阅读说明书。

3. 筹集期间收益计算问题

银行理财产品在发布后有 5~6 天的筹集期，遇到节假日时间可能会延长到 10 天以上。产品收益一般是 T+1 天开始计算，建议读者朋友们购买银行理财产品时尽量避免购买筹集期长、投资期短的产品，这样可以提高资金使用效率。

4. 到期后回款问题

银行理财产品投资期满之后，理财资金会自动返回投资者的银行卡活期账户，其中多数银行会在到期日当天下午或晚上将本金与收益打回投资者账户，少数银行会在第二天汇入。如果是周五到期，有的银行会在下一周的周一到账。

5. 手续费问题

银行理财产品的手续费包括申购费、销售费、管理费、托管费等。一般来说银行不收取申购费，不过其他费用还是要收的。一般情况下银行在测算理财产品收益率的时候已经把这部分费用算进去了，也就是说银行测算出理财资金的收益率，扣除各种手续费，也就是大家所熟知的"预期收益率"。

三、 债券

（一） 债券的概念及其特点

债券是一种要求发行人（借款者）按预先规定的时间和方式向投资者支付利息和偿还本金的债务合同。债券的本质就是我们生活中熟悉的借条。债券具有偿还性（规定偿还期限，借款人必须按照约定条件还本付息）、流动性（一般可以在流通市场上自由转让）、安全性（有固定利率和破产后剩余财产索取权优于股票）、收益性（收益来自于利息收入和买卖差价）。

（二） 常见的债券种类

按照发行主体的不同，债券分为政府债券、金融债券、公司债券和国际债券。

1. 政府债券

政府债券又分为中央政府债券（国债）和地方政府债券。国债按照债券形态分为：实物国债（纸质印刷债券，不记名、不挂失、可上市流通，目前已暂停发行）、凭证式国债（财政部向投资者出具收款凭证，可提前兑付，不能上市流通）和记账式国债（无纸化方式发行和交易，记名、可挂失，投资者可以在购买后随时卖出，变现更为灵活）。地方政府债券可以分为一般责任债（以发行者的信用和政府的征税能力作为保证）和收益债券（为地方政府所属企业或某个特定项目融资，以该项目本身的收益来偿还债务）。

2. 金融债券

金融债券是银行及其分支机构或非银行金融机构依照法定程序

发行并约定在一定时期内还本付息的有价证券。1999 年以后，我国金融债券的发行主体集中于政策性银行（我国有三大政策性银行：国家开发银行、中国农业发展银行和中国进出口银行）。

3. 公司债券

公司债券是公司依照法定程序发行的，约定在一定期限内还本付息的有价证券。公司债券风险比国债和金融债券大，当然收益也较高。一般来说，公司债的利息收入和资本利得需要缴纳个人所得税。

4. 国际债券

国际债券是一国政府、金融机构、工商企业或国际组织为了借钱在国外金融市场上发行的、以外国货币为计价货币的债券。包括外国债（外国机构在中国发行的债券叫熊猫债）和欧洲债（中国人在美国发行的以日元计价的国际债券）两种。

（三）购买债券的注意事项

大家通过上面的了解会发现，企业债比国债和金融债的风险大。在购买企业债时要注意以下事项：

1. 公司资质

公司资质主要是公司开展业务的资格，以及公司既往的信贷记录。

2. 债券条款

债券的票面价值、到期期限、票面利率和发行者名称，发行者对投资者承诺的行为限制。

3. 担保品

借款人违约时投资者收回投资的保障。

4. 公司还款能力

了解公司近两年业务发展和经营情况，企业近两年的经过审计的财务报表、企业目前发展方向和分析项目存在是否有风险及今后偿还能力。

5. 债券的评级

各级评级机构对债券评级的分类不同，但基本都将债券分为两大类：投资级和非投资级（垃圾债券）。垃圾债券的风险很大，普通投资者尽量避免投资。

四、 P2P

（一）P2P 的概念

P2P 是 P2P 网络贷款的简称。P2P 网络贷款的本质是把民间借贷阳光化：个人或法人通过独立的第三方网络平台相互借贷，P2P 网贷平台为中介机构或平台，借款人在平台发布借款信息包括金额、利息、还款方式和时间；出借人根据借款人发布的信息，自行决定借出金额。2016 年 8 月 17 日，中国银行业监督管理委员会、中华人民共和国工业和信息化部、中华人民共和国公安部、国家互联网信息办公室联合发布了 2016 年 1 号令，公布了由原银监会、工业和信息化部、公安部、国家互联网信息办公室共同制定的《网络借贷信息中介机构业务活动管理暂行办法》。该办法将 P2P 公司直指定义为纯中介服务机构：网络借贷信息中介机构是指依法设立，专门从事网络借贷信息中介业务活动的金融信息中介公司。该类机构以互联网为主要渠道，为借款人与出借人（即贷款人）实现直接借贷提供信息搜集、信息公布、资信评估、信息交互、借贷撮合等服务。

（二）P2P 出现风险的原因

统计结果显示，2018 年 7 月问题平台的类型以提现困难、平台失联为主，警方介入、停业或转型、平台诈骗现象仍占相应的比例。之所以会发生风险，基本是因为或多或少从事了以下行为：

（1）故意虚构、夸大融资项目的真实性、预期年化收益前景，隐瞒融资项目的瑕疵及风险，以欺骗性手段进行虚假宣传或促销等，捏造、散布虚假信息或不完整信息损害他人商业信誉，向出借人提供担保或者承诺保本保息，误导出借人或借款人。

（2）向借款用途为股票投资、场外配资、期货合约、结构化产品及其他衍生品等高风险的融资提供信息中介服务。

（3）为自身或变相为自身融资。

（4）发放贷款，将融资项目的期限进行拆分。

（5）除法律法规和网络借贷有关监管规定允许外，与其他机构投资、代理销售、经纪等业务进行任何形式的混合、捆绑、代理。

（6）从事法律法规、网络借贷有关监管规定禁止的其他活动。

（三）如何选择 P2P 平台

P2P 有一定的风险，但在国家金融体系中也有一定积极作用：可以标准化民间借贷、推动直接融资、推动征信体系建造、创新金融业风控方式等。因为其有积极作用，再加上国家积极引导，未来 P2P 将成为百姓资产配置的一种选择。如何挑选 P2P 平台显得尤为重要，有以下几个方面现象的平台需要谨慎选择：

1. 团队

需看团队成员及介绍，是否有过造假记录，平台负责人是否有过不良记录。

2. 平台

需注意注册办公地址是否偏远，平台设计是否粗糙。

3. 收益率

收益率是否很高，一般高于行业平均水平。

4. 资金存管

未上线银行资金存管的平台，一概要远离。银行存管可以有效防止平台挪用客户资金，是用户资金安全的一道阀门。

5. 成立时间及规模

成立时间超过 2 年且月成交额低于 3 亿元的平台，可谨慎参与。成交量可以有效反映平台的获客能力和资产拓展能力，若严格按照个人 20 万元、企业 100 万元的借款上限，3 亿元的成交量至少对应 1500 个借款个人或 300 个借款企业，不算多，也不算少，已经具备了一定的借助存量客户自我循环发展的能力。此外，只有较高的成交量才能摊薄平台在经营过程中产生的营销推广、IT 运维、数据风控等成本，获得一定的市场竞争能力。

6. 信息披露

信息披露不透明的平台，建议远离。信息披露上遮遮掩掩的平台，没人知道背后隐藏着什么猫腻，远离是最好的选择。监管机构发布了信息披露细则，可以借助国家互金专委会、互金协会互联网金融登记披露服务平台等机构，参考平台数据情况以资投资决策。

五、股票

（一）股票的概念

股票是一个让人又爱又恨的投资工具。有人说，如果你爱一个人，就让他炒股，因为它可以让他一夜暴富；也有人说，如果你恨一个人，就让他炒股，因为它可以让他轻松破产。所以，股票是典型的高收益、高风险产品。

股票到底是什么？股票是一种有价证券，是股份有限公司在筹集资本时向出资人公开发行的，代表持有人对公司的所有权，并根据所持有的股份数依法享有权益和承担义务的可转让凭证。投资者成功购买股票后，即成为发行股票公司的股东，有参与公司的决策，分享公司的利益；同时也要分担公司的责任和经营风险。股票如同房本，是反映财产权的有价证券；是证明股东权的法律凭证，是投资行为的法律凭证。

（二）股票的特征

1. 收益性

中国有过亿的人群投资股票，主要是因为股票有收益性，既可以低买高卖赚取差价，又可以赚取分红。分红多少取决于股份公司的经营和盈利水平。比如在 2015 年 1 – 6 月，股市从 3000 多点一路上涨至超过 5100 点，很多人赚得钵满盆满。

2. 风险性

相信大家都听过这样一句话：股市有风险，入市需谨慎。收益与风险是一对孪生兄弟。股票有收益，同时也具有风险。股票价格除了受企业经营状况的影响之外，还受到经济、政治、社会甚至人为因素的影响。股价的大幅跌落会使得投资者蒙受损失。相信读者朋友们还记得 2015 年下半年千股跌停的情景，很多股民亏损惨重。

3. 流动性

股票是一种流动性较差的资产，应长期持有。

4. 参与性

股票持有人作为公司的股东有权出席股东大会，通过选举公司董事会来实现其参与权。股东参与公司重大决策的权利大小，取决于其持有股票数额的多少。

持股比例是 51%，则绝对控股。因为股东会决议一般要求一半以上通过，持股比例 51% 可以达到决定权。持股比例是 33%，则有绝对否定权，因为股东会的一些决议（分红、投资等）要求 2/3 以上通过。个人投资者一般购买股票的份额很少，当然也就谈不上控股这一说。2015 年万科股权之争是典型的争夺控股权的例子。

5. 不可偿还性

股票是一种无偿还期限的有价证券，其有效期与公司存续期是一样的，投资者购买股票以后就不能再要求退股，只能拿到二级市场（沪市和深市）上去出售。

（三） 股票的种类

1. 按照股东权利分为普通股和优先股

普通股是最基本、最常见的一种股份。在我国上交所和深交所上市的股票都是普通股。普通股有权获得股利，但是必须在支付了债息和优先股的股息之后才能分得。普通股的投资收益是事后根据股票发行公司的经营业绩来确定的，公司经营业绩好，普通股收益就好；公司经营业绩差，普通股收益就低，有可能一分钱也得不到，甚至连本金都赔掉。当公司破产清算时普通股有权分得公司剩余资产，但普通股的股东必须在公司的债权人、优先股股东之后才能分得财产，财产多时就多分，少时就少分，也有可能一分也分不到。优先股是普通股的对称，是股份公司发行的在分配红利和剩余财产时比普通股具有优先权的股份。优先股有两个优先：股息领取优先（优先股可按照事先确定的股息率先领取股息）和剩余财产分配优先。

2. 按股票上市地点及投资者不同分为 A 股、 B 股、 H 股、 N 股、 S 股

A 股：人民币普通股，由我国境内公司发行，供境内机构、组织或个人（不含台、港、澳投资者）以人民币认购和交易的普通股票。

B 股：人民币特种股票，以人民币标明面值，以外币认购和买卖，在上海和深圳两个交易所上市交易的股票。其中上海证券交易所以美元结算，而深圳证券交易所以港币结算。

H 股、N 股、S 股是指在内地注册，分别在中国香港、纽约和新加坡上市的外资股。

3. 按照风险和收益标准分为蓝筹股、 绩优股和垃圾股

蓝筹股是在所属行业内占支配性地位、业绩优良、成交活跃、股利优厚的大公司股票；绩优股是公司上市后净资产收益率［净资产收益率＝净利润/平均净资产×100%；其中，平均净资产＝（年初净资产＋年末净资产和）/2］连续 3 年显著超 10% 的股票。垃圾股是由于行业前景不好，或者经营管理不善，出现困难，甚至亏损，估价走低，交易不活跃的股票。垃圾股高风险，同时也有可能带来高收益。

（四） 投资股票的分析方法

我们在选择股票时要使用一些股票投资分析方法，这种方法包括基本面分析和技术面分析两大类。

1. 基本面分析

基本面分析通常分为宏观经济分析、行业分析和公司分析三个层次。

（1）宏观经济分析。宏观经济分析主要关注经济周期、通货膨胀、利率、汇率、财政政策、货币政策等。经济周期表现为萧条—复苏—繁荣—萧条的循环往复过程。在复苏阶段，经济已经开始回升，公司的经营状况好转，盈利水平提高。经济复苏使居民收入增加，加上良好的预期，流入股市的资金开始增多，对股票需求增大，从而推动股价上扬。需求拉动型通货膨胀会使以生产投资品为主的

上市公司如钢铁、石化、建材、机械等公司因为价格上涨而盈利，消费类如家电、商业等上市公司股价也会盈利，从而推动股价上涨。

在影响股价的因素中，利率水平的变动对股市的影响如下：一般情况下，利率下降时，股票的价格就会上涨；利率上升时，股票的价格就会下跌。汇率与股票行情有着密切的联系，一般来说，人民币升值，股价上涨；货币贬值，股价下跌。扩张的财政政策（减税、增加政府支出和国债发行）会促使股价上涨；反之，紧缩的财政政策会促使股价下跌。扩张的货币政策（下调存款准备金、再贷款利率、再贴现率，放松信贷管制，降低利率等）会使得股价上涨；紧缩的货币政策会抑制股价上涨或使得股价下跌。

（2）行业分析。每个行业都有自己的生命周期，都要经历初创、成长、成熟和衰退四个阶段。想要投资某公司，要看公司所处的阶段，然后根据该阶段的特征做出投资判断。

（3）公司分析。我们主要看上市公司的基本情况和财务状况。我们要看上市公司主营业务发展状况、在行业中的地位、人才状况、产品开发和技术创新能力。财务状况主要分析几张表：资产负债表分析、利润表分析和现金流量表分析。

2. 技术分析

技术分析以预测市场价格变化的未来趋势为目的，通过分析历史图表对市场价格的运动归纳总结一些典型的行为，据此预测股票未来的变化趋势。市场上从事技术分析的分析师热衷于 K 线分析，研究 K 线的基本走势，研究各种指标和基本的形态理论，然后决定是否买卖。

这两种方法，一般在投资过程中要结合起来运用，既要通过基本面分析股票的投资价值，也要通过技术面分析股票价格走势，两者综合运用，同时又不断实践，才能真正形成自己投资股票的方法。

六、信托

（一）信托的概念

信托是一种以财产为核心、以信任为基础，由他人受托管理的财产管理方式。我国《信托法》第二条规定，信托是委托人（投资者）基于对受托人（信托公司）的信任，将其财产权委托给受托人，由受托人按委托人的意愿以自己的名义为受益人（一般指投资者想照顾的人）的利益或者特定目的，进行管理或者处分的行为。目前我国的信托基本上应用在投资中，也叫投资型信托。

2008 年下半年，以"低端银行理财客户"为驱动的"银信理财合作业务"成为催生信托爆发性增长的"发动机"。2011 年以后，行业增长的主动力不再是粗放的银信理财合作业务，而演变为以高端机构客户为主导的"非银信理财合作单一资金信托"、以低端银行理财客户为主导的"银信理财合作单一资金信托"和以中端个人合格投资者为主导的"集合资金信托"的三足鼎立的发展模式。目前信托已经成为资本市场部不可或缺的一种重要的金融工具。

投资者在看重信托较高的安全性的同时，也被信托的收益所吸引。2011—2014 年，信托产品年化收益率稳定增长，一直保持在

6%以上。2015 年信托产品的收益率主要受当年股市强劲的影响，高峰时期达到 13.96%；进入 2016 年后，宏观经济持续下行，央行降准降息、资产供应跟不上流动性供应的节奏而出现资产荒，股市和债券市场均表现不佳，信托产品的收益率回落，第四季度为 7.6%。

（二）常见的信托种类

目前，我国的信托基本应用在投资中，也叫投资型信托。接下来我们对目前市场上常见的投资型信托进行认知。

1. 集合资金信托计划

目前大部分集合资金信托计划是投资者作为委托人将资金作为信托财产委托给作为受托人的信托公司，信托公司根据自身信托投资专长，引导信托资金投资。根据《信托公司集合资金信托计划管理办法》的相关规定，集合资金信托计划具有 3 个特征：委托人必须是合格投资者（投资一个信托计划的最低金额不少于 100 万元的自然人、法人或者依法成立的其他组织；个人或家庭金融资产总计在其认购时超过 100 万元，且能提供相关财产证明的自然人；个人收入在最近 3 年内每年收入超过 20 万元或者夫妻双方合计收入在最近 3 年内每年收入超过 30 万元，且能提供相关收入证明的自然人）；委托人数量有要求（单个信托计划中，自然人合格投资者人数不超过 50 人，合格机构投资者人数不受限制）；发行方式上，不得进行公开营销宣传。

按照资金运用方式，集合资金信托可以分为证券、股权、贷款、权益投资集合资金信托计划和不动产投资集合资金信托计划。

2. 财产信托

财产信托是委托人将自己的动产、不动产（房产、地产）以及版权、知识产权等非货币形式的财产，委托给信托公司按照约定的条件和目的进行管理或处分的信托业务。

3. 其他

从资金投向来看，工商企业、金融机构和基础产业仍然为信托资金主要投向。截至 2016 年年底，这三个领域分别占 24.82%、20.71% 和 15.64%。近年来，在信托的特色业务中，政信合作是推动信托发展的一种重要模式。政信合作是信托与各级政府在基础设施、民生工程等领域开展的业务合作。政信合作的融资方一般是政府各类融资平台，项目多有国家和政府支持，即地方政府参与背书，项目安全级别较高，这种合作模式主要表现为信托计划受让融资方对地方财政间的债权，主要为应收账款收益权等。

（三）购买信托的注意事项

1. 管控风险

（1）区别融资主体。要看是谁在融资，是成熟公司、一般企业还是房地产公司。融资主体不同，风险不同。

（2）考量风控措施。金融工具很重要的一点是看如何进行风控。信托的风控一般为抵押和担保。对于风控大家要清楚以下问题：抵押物所有权是否登记？抵押物是否足值？抵押物是否能够顺利流通？如果是债券抵押，能否确保债券的唯一性？担保方实力如何？担保方目前担保了多少项目？是否有实力完成担保义务？如果是上市公司项目，担保公告是否发布？等等。

（3）对融资者综合分析。多方查探融资公司是否有多方融资的行为，多方融资额度是否超过了资产额度。

2. 购买技巧

购买信托产品是有技巧的，在渠道、发行方、产品标的和产品期限等方面都有一定的选择技巧。目前银行已经不能销售信托，最好在信托直属的机构认购。关注发行方信托公司的背景实力，最好选取口碑较好、有国资背景的信托公司。在选择产品时不要一味地追求收益。经济实力较好的地区的政信项目较好，地产项目最好选取前 50 强的。关于期限，最好选取 1 年期的。在经济新常态的大趋势下，选择期限太长的产品，无形中会增加未来的不定性因素。

七、公募基金

（一）公募基金的概念

随着近几年中国理财市场的发展，相信大家对基金不陌生。基金到底是什么呢？我们这里所讲的基金是公募基金，即通过公开的方式发行基金单位、集中投资者的资金，由基金托管人（一般是银行），基金管理人（一般是基金公司）管理和运用资金，从事股票、债券等金融工具的投资，将投资收益按照基金投资者的投资比例进行分配，最终实现利益共享、风险共担的集合证券投资方式。截至 2018 年年初，我国公募基金有 12.4 万亿元规模。

（二）公募基金的特点

1. 专业管理 专家操作

专业管理通过汇集众多投资者手中的资金，积少成多，基金管理人利用拥有的专业化的投资研究团队和强大的信息网络，更好地对证券市场进行全方位的动态跟踪分析。

2. 组合投资 分散风险

以投资股票举例，投资者购买基金就相当于用很少的钱投资了一篮子股票。一只基金通常会投资几十种甚至上百种股票，某些股票下跌所造成的损失可用其他股票上涨的盈利来弥补，因此基金这种组合投资可以分散风险。

3. 规模经营 降低成本

基金把大量的资金汇集起来，具有规模优势，既可以降低发行费用，也可以享受佣金的折扣。

4. 独立托管 安全放心

基金管理人负责基金的投资操作，不负责基金的财产保管。基金财产的保管由独立的基金托管人负责，这种相互制约和相互监督的机制进一步保障了投资者资金的安全。

（三）常见的公募基金种类

市场上的公募基金种类很多，因为分类标准的不同使得同一只基金有不同的名称。接下来给大家介绍几种市场上常见的基金种类。

1. 按是否可以赎回（卖）的方式划分

按是否可以赎回（卖）的方式分为开放式基金和封闭式基金。

（1）开放式基金。是指基金发起人在设立基金时，基金资本总额及总份数是不固定的，投资者无论是申购（买）还是赎回基金单位，都以当日公布的基金单位资产净值成交（工作日9：30—15：00申购和赎回，价格以当日资产净值成交；当日资产净值一般在19：30以后公布）。

（2）封闭式基金。是指基金发起人在设立基金时限定了基金的发行总额和存续期。封闭式基金有明确的封闭期限，在此期间投资者不能将受益凭证卖给基金，只能在二级市场竞价买卖。价格在净资产价值的基础上还要考虑市场的供求变化。

2. 按照基金投资对象不同划分

按照基金投资对象不同，可分为股票型基金、债券型基金、混合型基金和货币市场基金。

（1）股票型基金。按照2015年8月8日股票型基金仓位新规，股票型基金的股票仓位不能低于80%。股票基金的获利较大，因此风险也较高，比较适合积极型投资者。

（2）债券型基金。债券基金是指80%以上的基金资产投资于债券的基金。在国内，投资对象主要是国债、金融债和企业债，风险相对较低，比较适合保守型投资者。

（3）混合型基金。同时投资股票和债券的基金。目前市场上有很大一部分基金是混合型基金，因为此基金可以对股票和债券的相对比例不断调整，基金经理可以通过这种方式进行市场时的机选择。

（4）货币市场基金。货币市场基金也就是大家非常熟悉的宝宝类产品，由于其安全性高、流动性强，几乎成为我们不可缺少的现金类工具。

3. 其他基金

（1）指数基金。指数基金是以特定指数为标的指数，并以该指数的成分股为投资对象，通过购买该指数的全部或者部分成分股构建投资组合，以追踪标的直属表现的基金产品。

指数基金有如下优点：业绩透明度比较高（投资者看到跟踪的目标基准指数上涨幅度，就可以看到自己投资的指数上涨幅度），可以有效规避非系统性风险；操作简单（基金资产的配置模拟指数成分股的权重占比），比如每个基金公司都有沪深300指数；交易费用低（指数基金一般采取买入并持有的策略，其股票交易手续费支出少，基金管理人收取的管理费也很低）等。

指数基金是成熟资本市场不可缺少的一种基金，在西方发达国家受到交易所、证券公司、信托公司、保险公司和养老基金等各种公司的青睐，从长期来看优于其他基金。股神巴菲特投资标准普尔500指数基金，10年的回报超过对冲基金扣除所有管理费、成本及其他费用后的净收益回报。

（2）基金中基金（FOF）。在当今市场背景下，风险较低、收益稳定的FOF类基金越来越受到投资者的青睐。FOF是以开放式基金和封闭式基金为主要投资对象的集合理财产品。FOF起源于美国，第一只证券类FOF由先锋基金于1985年推出。2014年，中国证监会发布《公开募集证券投资基金运作管理办法》，从法律的角度提出了公募基金 FOF 的概念，确立了公募 FOF 在中国的法律地位。2016年9月，中国证监会发布《基金中基金指引》新闻发言人邓舸指出：发展基金中基金有利于广大投资者借助基金管理人的专业化投基优势投资基金，拓宽基金业发展空间；有利于满足投资者多样化资产配置投资需求，有效分散投资风险，降低多样化投资的门槛；有利于进一步增强证券经营机构服务投资者的能力。FOF 的发展空间巨大，在市场和政策的推动下，我国有望在不远的未来迎来 FOF 行业的爆发增长。

（四）选购公募基金的主要参考因素

购买公募基金时我们需要看很多因素，重点关注购买渠道、基金评级、基金经理和基金资产配置4个方面。

1. 选择购买渠道

可以购买基金的渠道很多，比如银行、券商、基金公司和第三方平台。银行和券商可挑选的品种有限，申购和赎回手续费比较贵，但是有人工服务，比较适合老年人购买。基金公司申购和赎回手续费比较便宜，有时候可以享受到零费用，但是品种有限。目前市面上比较不错的基金第三方平台基金产品品种丰富，同时申购和赎回费用比较便宜。此类购买基金的平台比较适合年轻一族。

2. 基金评级

我们订酒店的时候会看酒店星级，在选择基金时一定要看看基金的评级。第三方评级机构通过收集有关信息，通过科学定性定量分析，依据一定的标准，对投资者投资于某一种基金后所需要承担的风险，以及能够获得的回报进行预期，并根据收益和风险预期对基金进行评级。评级越高，说明这只基金在同类中表现较好。基金的评级一般分成 5 个星级，我们建议选择评级在四星级和五星级的基金。

3. 基金经理

我们知道，基金的业绩如何与基金经理有重大关系，所以一个好的基金经理对基金未来的预期收益有很大的影响。我们在购买基金的时候要看所选择的基金的基金经理专业水平如何，要看所选基金经理的专业背景和从业经验，重点看以前其所管理的基金的表现。

4. 基金资产配置

大家在购买基金的时候要看资金被配置到哪里，有些基金虽然属于混合型基金，但有可能90%的资产都被配置到股票等高风险金融工具。我们每个人都有自己的风险偏好，资产配置的种类及权重是应该关注的一个方面。

八、 私募股权基金

（一） 私募股权基金的概念

私募股权基金是从事私人股权（非上市公司股权）投资的基金。主要包括投资非上市公司股权和上市公司非公开交易股权两种。私募股权基金通过上市、管理层收购和并购等股权转让路径出售股权而获利。随着私募基金监管的建立和不断完善，私募基金行业将越来越正规化、规范化。根据中国证券投资基金业协会公布的数据，截至 2018 年 2 月底，已登记私募基金管理人 23097 家；已备案私募基金 70802 只；管理基金规模 12.01 万亿元，创历史新高。如此可见私募行业的火爆程度，无股权不富的投资理念已深入人心。

（二）投资购买私募股权基金的资格

私募股权基金不是谁想买就可以买的，符合一定要求的投资者才可以投资。募集机构也只能向"特定对象"宣传和推介私募投资基金。未经特定对象确定程序，不得向任何人宣传推介私募投资基金，目的是提高投资者门槛，将投资者限定在一定范围内，把基金产品提供给具有相应风险识别能力和风险承受能力的投资者，从而间接保障了各类投资者的利益。根据《私募投资基金监督管理暂行办法》第十二条，"私募基金的合格投资者是指具备相应风险识别能力和风险承担能力，投资于单只私募基金的金额不低于 100 万元且符合下列相关标准的和个人：金融资产不低于 300 万元或者最近 3 年个人年均收入不低于 50 万元的个人"规定，前面所称金融资产包括银行存款、股票、债券、基金份额、资产管理计划、银行理财产品、信托计划、保险产品、期货权益等。

（三）购买私募股权基金的"三不"与"两查"

1. 购买私募股权基金的"三不"

（1）不跟风投资。私募基金只针对少数特定的高净值投资者，而且投资门槛 100 万元起，优质私募的门槛在 300 万～500 万元。因此投资者需要具备一定的风险承受能力，企业未来通过上市、出让、股票回购、卖出期权等方式实现资金回转，可能会赚钱，也可能会亏损。私募基金机构不得通过网络、电视、报纸等公共传播媒体推广公司自身产品，否则就是不合法的私募，涉嫌非法集资。还有，在选择私募股权投资基金投资时，一定要了解清楚企业的真实发展状况，抑或借助专业财富管理机构帮助投资，总之不可盲目跟风地投资。

（2）不短期投资。私募的短期投资风险比较大，亏损率高，因为在较短的时间内，资金无法持续给企业带来更多的资金供发展壮大，不利于企业稳健发展，收益也就无从谈起。建议长期投资，锁定私募价值投资。现如今，3年期的私募产品开始火热起来，而且国家政策支持的大健康和教育行业的优质私募，投资期限甚至达到了6年——高净值人群在资产配置股权时，可以关注大健康、教育这些行业的产品，紧跟国家政策，未来投资利润可期。私募基金延长封闭期主要是改变产品结构，专注长期投资、价值投资，减少追涨杀跌带来的影响，未来这将成为一种私募投资新趋势。

（3）不过度分散投资。不要把鸡蛋放在一个篮子中，在私募投资方面同样也通用。一般建议购买私募股权投资基金的数量为1～3只，产品过多很容易导致精力分散，一旦发生问题不能及时退出而遭受损失，抑或配置一款优质的私募股权投资基金，3～6年，锁定未来投资收益，比如互联网巨头阿里巴巴，2017年投资并购金额约为898.54亿元，投资者赚得盆满钵满。

2. 购买私募股权基金的 "两查"

首先，查看公司相关资质，是否是一家从事相关业务的金融机构；其次，查看相关官网，查询以往项目投资情况和基金备案的情况。

九、 房地产

（一） 房产投资及分类

所谓房地产投资，是指资本所有者将其资本投入房地产业，以期在将来获取预期收益的一种经济活动。这种经济活动分为直接投资和间接投资。

直接投资是投资者直接参与房地产开发或购买房地产的过程，参与有关管理工作，包括从购地开始的开发投资和面向建成后的置业。间接投资主要是将资金投入与房地产相关的证券市场，包括购买房地产开发、投资企业的债券、股票，购买房地产投资信托公司的股份或房地产抵押支持证券等。老百姓在房地产中的投资主要是指房地产置业投资，包括住宅房地产投资和商业房地产投资（写字楼、商铺、商场等）。

1998 年 7 月 3 日，国务院以 "取消福利分房，实现居民住宅货币化、私有化" 为核心，宣布从 1998 年下半年开始停止住房实物分配，逐步实行住房分配货币化。1998 年是我国房地产历史上的一个分水岭。停止住房福利分配，实行住房分配货币化，从根本上推动了住房商品化进程，对于增加住房的有效需求，启动房地产消费市场，推动整个产业链的发展，具有十分积极的作用。之后房价一路上涨，导致北上广深等城市的大部分房价涨幅甚至超过 30 倍。如果你在早年间买了房，确实会赚不少，一套房子的投资收入可能比你上几十年班赚得还多。

（二）房地产投资的优点及缺点

1. 房地产投资的优点

（1）保值性好。土地资源有限，而需求不断，导致房地产总的趋势上扬，从而房地产有很好的保值增值作用。

（2）双重作用。既是投资品也是消费品——可以居住，这是股票、债券、基金等其他投资品类所不具备的。

（3）经久耐用。房产是一种消费品，但不同于一般消费品，房子的寿命有的为上百年，我们房产的产权是 70 年，长期耐用性为盈利提供了广阔的机会。

（4）财务杠杆高。投资房地产可以使用高杠杆率，一般首付30%，在房地产上涨过快的阶段收益比较可观。

（5）安全性强。房产是不动产，不像期货期权那样大起大落，也不像收藏品那样担心被偷盗。

（6）可抵押。如果急需资金，不用卖房，可以抵押房产，获得金融机构贷款。

2. 房地产投资的缺点

（1）流动性较差。房地产不像股票、债券、基金等可以快速变现，一般租和售都需要一定的时间，并且收益不可知、不可控制。

（2）投资金额大。虽然购买房产时只需要付首付，但是房地产投资金额大，一套房子几十万元甚至上千万元。有些人一辈子的积蓄仅仅够买一套房子。

（3）政策风险。房地产投资是一项受政策影响较大的投资，比如土地政策、城市规划政策、房地产税政策等。我们举例看看中国的房地产政策：2016年年初降首付，年中去库存调公积金，年末限购、限贷使得中国房地产跌宕起伏。2017年，多地出台各种限制政策，政府明确"控制房价上涨"，12月14—16日的中央经济工作会议上提出促进房地产市场平稳健康发展，要坚持"房子是用来住的、不是用来炒的"的定位，综合运用金融、土地、财税、投资、立法等手段，加快研究和建立符合国情、适应市场规律的基础性制度和长效机制，抑制房地产泡沫，防止出现大起大落。2018年，政策定位继续坚持"房子是用来住的，不是用来炒的"定位，落实地方主体责任，继续实行差别化调控，建立健全长效机制，促进房地产市场平稳健康发展；支持居民自住购房需求，培育住房租赁市场，发展共有产权住房；加快建立多主体供给、多渠道保障、租购并举的住房制度，让广大人民群众早日实现安居、宜居。

（4）道德风险。市场上有些房地产开发商违规操作和欺骗：房屋质量不过关、合同不公正、产权不完善等给房地产投资带来损失。

（三）房地产投资注意事项

1. 注意房地产投资的周期性

我们要看清房地产周期。房地产周期的决定因素：长期看人口，中期看土地和短期看金融。长期的人口迁移决定不同区域的房地产市场，根据国际经验，人口将继续往大都市区迁移；中期看土地，土地政策直接影响房地产供给，人口大都市圈背景下，土地错配必然导致一、二线城市高房价；短期看金融利率、首付比例、税收等，通过改变居民的支付能力和预期使得购房支出提前或推迟。

2. 认准开发商资质

一些开发商在广告宣传中常常以资质等级来吸引客户，经常过分夸大自己的资金量、规模数量、技术力量，这会误导消费者的选择。让我们先来了解一下目前对房地产开发商资质的一些基本规定：房地产开发企业按资质条件可划分为 5 个等级，其中房地产开发一、二级资质的开发商经济实力、施工技术实力水平都较强。对于开发商的资质，主要从自有流动资金、注册资金、技术力量等 5 个方面进行区分。如何选择合适的开发商呢？最重要的是信誉和交付楼宇的质量。所以，投资者选择开发商时要看清两点：一看资质和物业规模，开发企业资质是否和你欲购买的物业规模一致。二看企业开发史，查一查开发商开发过的项目完工后的交付入住情况，选几个点调查一下，看一看这些项目客户的入住反馈意见。

3. 做好房产品种选择

个人投资者可以选择的种类有住宅、商铺和写字楼。购买住宅需要考虑位置、环境、配套、小区规划、朝向、楼层、户型设计等。购买写字楼需要考虑地段，最好是市中心黄金区域或者国家大型产业园，检查配套，计算投资回报率等。

第四章 理财规划 八步跃迁

从本章开始，内容正式进入家庭的专项规划阶段。按照理财的核心原则——理财恒等式的要求，我们应该以投资为核心目标，对家庭的收支进行管理。管理的目的是为了整合出更多的现金资源——现金流，为投资提供更多的资金。这一点也是家庭收支管理的关键，如果没有对收支整体把控的思想，家庭就很容易被感性所支配，收入增加的同时带动支出增加，并终将与财务自由南辕北辙。

第一节 现金规划

我们需要站在现金管理的角度，做好家庭收支的整体把握。收入是维持一个家庭正常运转的基础，对家庭各项支出的安排也应该基于家庭收入的水平，尽量不超支。各项支出的安排应有一个合理的度，这个度就是我们家庭进行收支管理的基本参考指标。下面我们来盘点一下家庭的几类支出。

一、 投资性支出

为了保证投资，我们需要对家庭的结余进行控制。一般而言，要想家庭持续地发展，我们至少应保证每月有30%的结余资金用于投资。如果比例过低，就会导致家庭的财富增长过于缓慢，影响家庭的后续支出。所以30%的资金结余是对一个家庭最基本的要求。

二、 居住性支出

居住性支出是指为了实现居住的目的，用于住房或偿还月供的支出。对很多家庭来说，购房是一项非常有挑战性，但又人人向往的人生大事，所以买房成了人们眼中的刚需。然而，当这种刚需遇上北上广深这些一线城市的高房价时，刚需考验的不仅是双方父母的经济实力——凑上百万元的首付，同时也考验着年轻夫妻的收入实力——长达几十年的高额贷款。这个时候很多家庭考虑的是：只要能买房就是对心灵最大的慰藉，所以毅然决然地成为"房奴"，拿出家庭月收入的50%，甚至60%用于还贷。

这种安排考虑欠妥，你可能觉得房子是你心灵的港湾，是你在这个城市的归属感等，但是这些心灵的安全很可能会导致你陷入财务的困境。在理财当中，一般我们建议客户购房时的月还款不超过税后月收入的30%，也就是家庭的住房负担应控制在30%以内，这也是对于一个家庭的上限。如果用于居住的花销过多，挤占了收入，一方面会导致家庭没有资金进行投资，财富无法增值；另一方面，家庭的主要资产是由贷款购买的自住房，家庭资产看上去很高，实际上大部分都是负债，同时还不能卖，所以能实现财务自由的机会就很小了。这一辈子能积累的价值最高的资产几乎就是这个房子，所以在购房这件事上必须做足功课，不能让买房拖累一生。我们应该时刻清楚理财的目标是实现财务自由。至于怎样去具体安排购房事项，我们会在后面的内容中进行介绍。

三、 保障性支出

家庭中还应有一部分资金是专门预留给购买保险的。天有不测风云，人有旦夕祸福，很多风险的发生都是我们无法提前预知的，而风险一旦发生，又会给我们的家庭带来重创。比如，罹患重大疾病的风险正随着社会生活节奏的不断加快而上升；突发意外身故的风险也在随着社会的进步和风险因素的增加而变得平常。这些风险一旦降临在家庭中，那么不仅面临着情感上的伤痛，更面临经济上的重大损失。所以为了保障家庭财务的稳健，对于意外、重疾和寿险，家庭应该做一个基础的准备。

应该按照什么原则来安排呢？一般情况下，我们可以按照"双十"原则进行配置。也就是保额应该为家庭年收入的 10 倍，而保费应控制在家庭年收入的 1/10 左右。虽然这一原则并不非常精准，但是一般情况下按照这个原则处理基本上问题不大。如果家庭各项责任比较多，而且比较重，那么可以根据生命价值法和遗属需求法进行精细测算。对于保险资金的安排问题，我们也会在后面的内容中进行详细介绍。

四、 生活性支出

安排好了结余资金（30%）、购房支出（30%）、保费支出（10%），剩下资金的多少，每个家庭可能有所不同，但是粗略计算一下，基本上还有30%可以用于日常花销。所以，如果当你发现用于家庭日常开销的钱已经所剩无几了，那么你就需要回过头去看看，前面的几项支出当中，有哪些已经超支了。对于超支的部分，如果实在无法压缩，也可以考虑怎么增加收入：比如多学习多实践，提高投资水平，提高风险的承受能力，最终提高投资收益；再如，提高自己的工作能力获得加薪；又如，选择跳槽，选择待遇更好、更有职业前景的职业。这些选择都基于我们对家庭财务的整体规划，基于对家庭现金流的整体安排。

日常生活中，用在孩子教育上的花销是一个大头。说起子女教育开支，不得不说一下中国人的特质，中华民族在世界范围内都是值得尊敬的，因为勤奋！美国国家统计局曾发布一组关于世界各国劳动参与率的数据，中国赫然位列世界第一位，劳动总量世界第一，劳动参与率世界第一（所谓劳动参与率，就是参加工作的人占全体人口的百分比）。中国人这么忙碌是为了什么？在奔日子！这其中有很大一部分就是在为孩子打拼。前面的案例中我们说了朋友晓宇的例子，他把家庭收入的50%都花在了孩子身上，在中国这样的例子比比皆是，所以当前孩子的教育问题已经不仅仅是一个教育问题了，更是一个经济问题。我们要根据自己的目标去控制一些不必要的教育支出，比如过多的课外班。我们不能一味地被周围家长的大潮推着走，否则也会离财务自由越来越远。另外，大学教育金一般动用的是我们家庭的储蓄，而并非从我们的收入当中扣除。

五、 留足家庭备用金

说完了家庭的这些支出项，还有一点对于家庭非常重要，就是家庭储蓄当中的一部分——备用金。备用金可以看作我们生活当中的一个缓冲，或者是一个人正常生存下去所必需的血液。虽然备用金的规模不一定很大，但是这部分资金在家庭的流动，却能把家庭当中所有的资源调动起来，所以备用金很关键。为应对突发的意外，备用金的额度一般安排 3～6 月的月支出就可以了，根据家庭的实际情况可以自己把握。因为这些备用金既要保证灵活，又要有一定收益，具体采用什么形式去安排这部分资金，我们后面可以通过投资工具的内容去了解。

我们在退休前努力工作，实际上除了满足日常支出、购房、保险配置需求以外，还进行了有目的的投资。这些投资即使最终没有办法帮助我们实现财务自由，却也积累了大量的投资收益，这是我们养老资金的来源。我们的人生应该是这样的一幅画卷：退休前，以投资为核心目标，努力增加收入，控制收支与结余，维持家庭正常运转；投资的最低目标是满足退休前子女教育的需要和退休后生活的需要，而投资的最高目标则是实现财务自由。

第二节　消　费　规　划

在我们一生中，有一类花销次数不多，却花掉我们很多钱，那就是买房、买车这些大宗消费。

你买房了吗？还是想换个大房子？现在的房价这么高，还适不适合买？现在首付都不够，如何实现买房梦？

我们首先从战略上帮你分析，到底买房是好还是不好，然后教你实际的规划方法，用最小的花销实现买房的大梦想。我们还将告诉你一些买房技巧，比如哪种贷款方式最省钱，以及月供还多少才不会影响过日子。相信你阅读了这部分内容，一定能成为一名潇洒的有房族。

一、拥有自己的住房

购房是我们人生中重要的理财目标，它是基础目标（独立生活、居住、养育子女、养老）中需靠前解决的问题。在你生活独立之后，拥有自己的住房就被提上议事日程。离开父母自己居住是你经济独立的一种表现。

中国人对拥有住房的偏好远远超过世界上其他国家的人。许多人对购房目标的追求甚至超过了养老目标。中国的传统文化认为，有了自己的住房才是真正成家的标志。除心理上的诉求，买房还有很多好处：一是房产是一种保值的工具，可以抵御通货膨胀；二是买房能促使你强制储蓄；三是在过去十几年中，买房不但能提升居住的条件，而且还起到了增值的作用。

（一）买房还是租房

过去 20 年中国的房价几乎一直上涨，但随着时代的变迁，未来中国的房价却不一定继续上涨。到底应该买房还是租房？我们首先来举个例子：小李夫妇生活在北京，一个月两人的收入是 2 万元。拿出收入的 30%，也就是 6000 元用于租房比较合理，可以在北京租到一个比较像样的两居室。但是，如果在同样的位置买一个 60 平方米的两居室，将花 500 万元。如果使用商业贷款购房，则需要交纳首付三成即 150 万元，贷款七成为 350 万元，按照银行商业贷款利率 4.9% 来计算，贷 30 年，每个月要还款 18575.44 元。看来小李夫妇真的买不起房，就算未来收入提升了，大部分收入用来还贷，也没有品质生活可言。

从这个例子可以看出，买房每月 18575.44 元的月供比 6000 元的房租多了不少，如果把多出来的钱用于投资，就能积少成多。而且买房还要首付 150 万元，如果首付款用来做投资，可以有不少收入。所以，在中国的很多城市，租房是远比买房合适的。而且，租房可以根据自己的工作地址的需要选择不同的租房地点，也不用担心房价下跌。

其实，租房和买房没有绝对的对错，需要衡量你现在手里的资金够不够交首付款，以及未来的月供还款有没有压力，只要条件允许就可以买。理财的目的是实现人生的幸福，而拥有自己的住房，享受一家人在一起的天伦之乐，就是人生幸福的一种。租房或买房的选择也取决于心理的因素，很多人就是因为不愿意看房东的脸色而选择买房，这些都无可厚非。

（二）如何选房

我们给大家提供一种比较简单的选房方法。举个例子，小张夫妇每月收入1万元，他们可以拿出其中的30%，即每月3000元用来还房屋贷款。第一步，我们算一下小张为买房可以筹集多少资金。如果按商贷利率4.9%来计算，贷款20年，现在可以贷45万元。同时，小张现在手里有40万元现金可以用作首付。加在一起总共有80万元可以用来买房。第二步，看一看需要多大平方米的房子。小张夫妇不与父母住在一起，而且孩子才3岁，一个70平方米的两居室基本上就够用了，80万元除以70平方米，每平方米在1.1万元左右。第三步，根据这个价格去找房。小张所在的城市，1.1万元/平方米的新房地理位置都比较偏远，小张可以考虑市内的二手房，环境比较成熟，价格也比较便宜，是不错的选择。

刚才算的规划方式，没有计算相应的税费和装修费用。我们在实际规划中要一并考虑，同时也可以在首付比例和贷款金额之间进行调整。

二、买房首付的筹划

每个人都想拥有属于自己的一套住房，拥有一个温暖的家。我国很多城市都在实施限购措施，家庭首次购买商品住房的首付比例都在 30% 左右。可是对于很多刚工作不久的年轻人来说，购房的首付无疑是个大数字，那么首付不够怎么办？解决的方法有两类：第一类，盘活手中的资产。比如将一些有价证券及时变成现金，还有，我们过去的老房子，看看能不能变卖等。第二类，想办法借款。我们很多人都买过保险，保单的现金价值是可以进行保单贷款的。我们也可以信用贷款。我们甚至可以找父母暂借一点，因为很多父母都为孩子准备了一些购房款。我们先借父母的钱，将来努力赚钱，再孝敬父母。我们还可以使用已经缴纳的公积金。不过，贷款买房的首付不可以直接用过去缴纳的公积金，因为申请提取住房公积金，必须是交了首付款、契税之后，与开发商签订了购房合同，凭购房合同才可以申请。我们可以先筹钱交完首付款，再申请提取住房公积金，获得批准后，可以使用公积金冲还贷款。

（一）首付不够怎么办

如果你想了这些办法发现钱还不够，那我们就需要从现在开始攒钱，延迟买房的日期。比如，我们延迟到 3 年后买房，这 3 年自己要努力攒钱。这样看来，钱不够不一定是件坏事，反而变成了强制储蓄的理由。当你有了一个攒钱的目标的时候，开源也就有了更大的动力。另外，买房也未必一次到位：刚结婚的年轻夫妻可以先买个一居室过渡一下，等孩子稍微大一点的时候，再结合孩子上学的问题置换一个上学方便的房子。在自己年纪再大一些、能力更强一些时，可选择三居室，方便一家人生活。这是大多数人换房的规律。

（二）首付多少

另一种情况是我们手里的资金比较多，这时应该多付首付，还是应该多贷点款呢？站在理财的角度，我们更支持多留出一部分钱去投资。因为房产是一种消耗品，并不能创造现金流。即使你买的房子未来价格涨了，你也不能卖掉收回现金。如果我们将自己所有的资金都投入到房产，无形当中是一种消耗。手里留有更多的资金才能为其他方面的投资理财创造可能性。况且我国的住房贷款利率要比其他形式的贷款利率低得多。当然，这里面我们也要判断两种因素：第一，你是否具备了一定的投资理财能力，以及借助杠杆去理财的心理准备；第二，由于贷款多了，未来的月供是否会影响你的生活品质。如果因为过度投资而丧失了开心的生活，那就得不偿失了。

三、 购房贷款每月还贷额度的设计方法

贷款买房是大多数人选择的买房方式，特别是公积金贷款利率低于一般的商业贷款的利率，大大降低了买房成本。然而，贷款到底应该贷多少？除了前期的首付能力之外，每个人偿还贷款的能力也是非常重要的因素。我们一般认为拿出月收入的30%用于还贷比较合理；贷款的年限最长不超过这个房产的使用年限。同时，我们贷款时还要考虑自己收入的增长性问题，比如，小李10年前买房时收入很低，一个月还款1000元已经压力很大了，后来小李的收入大幅提高，这时候再看1000元的月还款额简直成了毛毛雨。所以我们

在贷款时要考虑自己的收入的成长率。还贷是一个长期的过程，现在每月收入 1 万元，未来伴随着能力的增长及货币的贬值等因素，收入会变成 2 万元以上。现在每个月还款 3000 元，未来是不会变动的。考虑到这些因素，我们可以适当提高每个月还款的金额。

四、 购房商业贷款还款方式的选择

购房商业贷款的还款方式中有两种常用方式：等额本息还款方式和等额本金还款方式。以购房贷款 100 万元，贷款 20 年，利率 4.9% 为例：等额本息还款方式，每个月要还 6544.44 元；而等额本金的还款方式，第一个月则要还 8250.00 元，然后每月递减，最后一个月需还款 4183.68 元。

（一） 等额本金还款方式

通过这个例子大家可以看出：等额本金就是把 100 万元的本金，平摊到未来的 240 个月（12 个月/年×20 年）当中，每月都要偿还本金 4166.67 元。到了第一个月末，除了偿还 4166.67 元本金外，还要偿还第一个月的利息。100 万元用了一个月，按 4.9% 计算利息是 4083.33 元（100 万元×4.9%÷12 个月）。本金加利息第一个月共还款 8250.00 元。第二个月本金偿还还是 4166.67 元，但利息却发生了变化，因为第一个月已经偿还了 4166.67 元的本金，则不是 100 万元了，而变成了 995833.33 元了。按 4.9% 计算使用 995833.33 元一个月的利息是 4066.32 元，比第一个月利息 4083.33 元少了 17.01 元。第二个月总计还款 8232.99 元。

等额本金还款方式每个月都偿还相同本金，剩余的本金计算利息，所以所还的金额越来越少。这种还款方式在实际的操作中不容易理解，因为每个人的月收入是基本固定的，而每月的还贷金额却在不断减少，容易给人带来理财思维的混乱，所以采用的人较少。

（二） 等额本息还款方式

人们常用的还款方式是等额本息的方式。也就是贷款 100 万元，每个月都还款 6544.44 元。

这种还款方式，虽然每个月还款金额一样，但每个月的 6544.44 元中的本金和利息都是不同的。开始还的本金很少，利息很多，然后逐渐提升每个月所还的本金，减少所还的利息。把本金和利息平滑到每个月中，使每个月的还款金额一样。

五、 等额本金和等额本息哪个好

同样是贷款 100 万元，贷 20 年，利率 4.9%，等额本息还款方式第一个月要偿还 6544.44 元，其中本金只有 2461.11 元。而等额本金还款方式每个月本金都一样，所有第一个月的本金是 4166.67 元。再来看看第一个月利息的差异：等额本息还款方式第一个月要还的利息是 4083.33 元；等额本金还款方式第一个月也要还 4083.33 元的利息，两种方式相同，但第二个月等额本金偿还本金多，会比等额本息方式利息少。

这两种还款方式，哪一种利息更少呢？当然是等额本金的还款方式。你会发现：我们借别人的钱，等额本金第一个月就还了

4083.33 元的本金，而等额本息却只偿还了 2461.11 元本金。我借别人的钱，越早还本金，利息就会算得越少。而等额本息还款方式，第一个月还的本金特别少，而大量的还在利息，所以它的利息比较高。同样是 100 万元贷款，20 年下来，等额本息总共需要支付570665.72 元利息，而等额本金的利息只需要 492041.67 元，可以节省 78624.05 元利息。

未来还款的过程当中，我们在常常会出现提前还款的情况。等额本息和等额本金，哪一个更适合提前还款呢？聪明的你也会发现，还是等额本金方式更适合。因为它每个月都还同样金额的本金，所以任何时间都合适。而等额本息还款方式，前期月供中大量还的是利息，后期月供中更多还的是本金，所以到后期再提前还清房贷就不合适了。

经过上面的分析，我们会发现等额本金还款方式比较节省利息支出，提前还贷也比较灵活。但是，很多人在选择贷款还款方式时，还是会选择等额本息还款方式。这是因为，等额本金开始还的多，后期还的少，不易安排月度现金流。我们给大家一个妙招：在首付的时候，可以留出一部分资金（即减少自己的首付款，多增加贷款），把这部门资金投入某些理财产品中，每个月都可以从理财产品中拿回一部分资金贴补到每月的月供中。这样几年下来，当你的理财产品用得差不多的时候，此时你的月供也逐渐降到合适的金额了。这样也就满足了你每个月收入的 30% 用来还月供的需求。

六、 买房的税费

在购房规划中除了房款本身之外，相关税费、装修费，购置家具电器等也是不小的开支，尤其购房相关税费，往往是购房者容易忽视的问题。

（一） 二手房税费

1. 计算缴税基数

二手房缴税时，计税依据（常说的税基）通常有两个：一个是购房网签价；一个是房屋核定价。

网签价格是房屋买卖双方在网签合同上填写的成交价格。

核定价也称过户指导价，是税务机关根据房子的设计用途、房子的建成年代等多个综合因素决定的，是二手房交易中缴税的基准价。网签价和核定价按照"孰高"原则作为计税依据，即网签价高则以网签价计税，核定价高则以核定价计税。

2. 买卖二手房需交税种

买卖二手房需缴纳增值税及附加、契税和个人所得税。

3. 缴税方法

（1）增值税及附加。包含以下情况：

当房子不满两年时，全额征收。

$$增值税 = （网签价或核定价/1.05）\times 5.6\%$$

当房子满两年，且为非普通住宅时，差额征收。

$$增值税 = （网签价或核定价 - 原值）/1.05 \times 5.6\%$$

当房子满 2 年且为普通住宅时，免征。

附加包含：

地方教育附加 = 增值税 ×2%

教育费附加 = 增值税 ×3%

城市维护建设税 = 增值税 ×7%

（2）契税。包含以下情况：

当网签价 > 核定价时：

首套且 90 平方米以下（含），契税 =（网签价 – 增值税）×1%；首套且 90 平方米以上，契税 =（网签价 – 增值税）×1.5%。二套房，契税 =（网签价 – 增值税）×3%。

当核定价 > 网签价时：

首套且 90 平方米以下（含），契税 = 核定价/1.05 ×1%；首套且 90 平方米以上，契税 = 核定价/1.05 ×1.5%。二套房，契税 = 核定价/1.05 ×3%。

（3）个人所得税。包含以下情况：

转让家庭名下满 5 年且唯一住宅的，免征个人所得税。

转让家庭名下不满 5 年，或满 5 年的但不唯一的住宅，按照"差额"20% 征收个人所得税。

如果网签价 > 核定价：

个人所得税 =（网签价 – 原值 – 原契税 – 网签价 ×10% –
贷款利息 – 本次增值税及附加）×20%

注意：如果房子是满两年的普通住宅，增值税及附加为 0。

如果核定价 > 网签价：

个人所得税 =（核定价/1.05 – 原值 – 原契税 – 核定价×10% –

贷款利息 – 附加）×20%

注意：如果房子是满两年的普通住宅，附加税为0。

【举例】

核定价 > 网签价

卖家满2年非唯一商品房，买家二套房，网签价为380万元，核定价为400万元，非普通住宅，面积是148平方米，原值为128万元。

1. **增值税及附加**

满2年非普通住宅，增值税 =（核定价 – 原值）/1.05×5% =（400 – 128）/1.05×5% = 12.95万元；增值税及附加 =（核定价 – 原值）/1.05×5.6% = 14.51万元。

2. **契税**

二套房，契税 = 核定价/1.05×3% = 400/1.05×3% = 11.43万元。

3. **个税**

非唯一住房，个人所得税 =（核定价/1.05 – 原值 – 原契税 – 核定价格×10% – 贷款利息 – 附加）×20% =［400/1.05 – 128 – 128×3% – 400×10% –（14.51 – 12.95）］×20% = 41.51万元。

（二）新房的税费

新房与二手房相比税费少得多，主要有：契税、房屋维修基金、物业费、印花税等。

1. 契税

首套房或者二套房，房屋面积≤90平方米，契税为1%。

首套房房屋面积>90平方米，契税为1.5%。

二套房房屋面积>90平方米，契税为2%。

北上广深：首套房契税政策同上；二套房和非普通住宅，契税为3%。

注意：新房的契税，按照房屋的成交价格来计算，即成交价格乘以对应的契税比例。

2. 房屋维修基金

按照房屋的面积征收，一般是30~100元/平方米不等。电梯房、楼梯房、高层和小高层，征收标准略有不同。

3. 物业费

物业费一般为1~5元/平方米·月，新房交房时，需要缴纳一年的物业费。另外，供暖的城市，还需要缴纳取暖费。

4. 印花税

税率为0.05%，住宅免征印花税。

5. 其他费用

权证印花税为5元/户，权证登记费为80元/套，非住宅为550元/套。

（三）购房的其他花销

在越来越讲究生活品质的今天，买房自住的人通常还要进行装修，这笔费用也是购房规划中不可缺少的组成部分。另外有的人会购买车位，这也是一笔不小的开支，需要考虑。与购房相关的还有一些开支，比如在购买新居之后，往往还需要购买家具和家电等，和装修费用类似，我们应该多听取他人的建议，特别是那些缺乏生活经验和初次购房成家的年轻朋友们。

七、 家庭选车的方法

随着我们的生活越来越好，越来越多的人购买汽车，但是家庭用车就像一件衣服一样，也是一种消费品。购买汽车的核心策略是找到自己的核心需求，根据自己的资金实力匹配合适的车型。很多人说，我不知道自己的需求是什么，只知道手里有多少钱。其实这个也好办，四步就能解决：

第一步，把自己的预算摆出来，然后罗列一下买得起的车型。

第二步，排除一些冷门的小品牌车，你很少听过很少见过的牌子不要买。这么说虽然武断了一点，但对于大多数人来说很实用，因为保有量大、品牌好的车多数都是更靠谱的车型。

第三步，挑外观、内部空间和内饰。同级别、同价位的车本身都是互相作为竞争对手的，厂家对竞争对手研究的程度绝对比一个普通消费者要更透彻，这也注定车之间的差距不会太大。所以第一步，先把各种参数和配置放一边，好好挑几款外观、内部空间和内饰都让你满意的车型。毕竟车子是每天都要使用的，如果不能让自己赏心悦目，那实在是个罪过。

第四步，在剩下的车型中再对比配置。同价位的车肯定不是所有的配置都相同。同样 20 万元的车，有的带座椅加热，有的配有全景天窗，有的有导航，有的还有倒车影像。到了这一步，你就得具体分析自己的驾驶需求和驾驶习惯了。比如，你在北方，座椅加热一定比全景天窗实用；你要是个新手，倒车影像肯定比导航实在。

八、 购车消费贷款的技巧

就像买房一样，可能很多人都纠结过到底是全款买车还是贷款买车。关于这个问题，我们需要分几种情况考虑，而且要明白贷款买车的利弊，只有完全掌握这些技巧，才能不花冤枉钱。

（一） 选择房产抵押贷款买车

在贷款买车时，很多人都提供了房产抵押，因为有房产抵押的贷款，它的利率是很低的。如果贷款人选择房产抵押来买车，就会大大降低贷款的成本，并且与其他的贷款产品相比，房产抵押的贷款期限是比较长的，这也可以有效减轻贷款人的经济压力。

（二） 选择合适的贷款期限

在买车办理贷款的时候，贷款人可结合自身情况来选择还款期限与方式，如果压力较大，可适当选择贷款期限较长的方式，而如果你的经济状况良好，则可以选择时间较短的贷款方式或者一次性还清，因为贷款时间越短，贷款人所支付的利息就越少。

（三） 选择 “直客式” 贷款买车

在贷款买车中，有 “直客式” 和 “间客式”，两种方式：直客式贷款就是不通过第三方直接向银行申请贷款；间客式贷款是由汽车商家代表你向银行申请贷款。相对而言，直客式贷款买车是比较省钱的，可省去汽车商家收取的手续费。

很多商家都会打出免息贷款的方式，但我们需谨慎对待。"免息"不等于"免费"，很多贷款机构都把"免息"的费用算在手续费以及各种附加费里面，再加上买车都要购买车险及上牌等费用，"免息"买车贷款其实并不一定比传统抵押购车贷款或按揭购车贷款更省钱。

九、养车费用知多少

俗话说，买车容易养车难。下面，我们来盘点一下养一辆车都需要哪些费用。

（一）油费

不同排量、不同车型、不同家庭、不同路况油费的差距很大。如果是排量在 1.8 升甚至 2.0 升，油费可能会达到每公里 1 元。另外，不同家庭每年的里程数也差距很大。

（二）保险费

保险费主要指商业险和交强险。交强险是必须缴纳的，加上车船税，大概在 1200 元。商业险的高低取决于车的价格和所选险种。买全险要注意，其实保险公司没有"全险"这个险种的，一般常说的全险就是指：交强险＋车损险＋第三者责任险 20 万元＋不计免赔＋盗抢险＋车上人员险＋自燃险＋车身划痕险＋玻璃险，但现在很多保险公司打着"优惠"的旗号，却不把盗抢险和自燃险包含在内，所以这里要注意，当你要求保全险的时候是否真的得到了应该得到全部的保障。有的时候，有些销售员的报价确实比别人低几百甚至几千元，但他所提供的保障也同样少得多。很多人认为新车第一年要买全险，其实没必要，比如自燃险，因为新车自燃的概率很低。

（三）保养费和修车费

这个根据车的不同和选择的保养项目的不同，差距较大。新车一般首保免费，之后的保养都需要自己花钱。过了质保期，车辆出问题就需要自己付钱了。如果车出现了剐蹭，又不想走保险的话，一般也要花费几百元。

还有过路费、交通罚款、车船税就不一一列举了。总之，购买一辆心仪的汽车是日常花销中较大的支出，需要控制好相应的花销，最大限度地发挥它的价值。

第三节　教育规划

一个家庭对子女教育的重视程度往往比购房需求、养老需求要大很多，很多人为了让孩子上学，房子可以晚两年再购买或者不买，养老金也可以晚几年再准备。究其原因，一方面是因为良好的教育对孩子个人的发展意义重大，一方面是教育费用的不断增长、不可降低标准和不可延迟花销的特性。

一、　良好的教育对个人的发展意义重大

教育的意义可以用两句短语概括：知识就是力量，知识就是财富。

随着市场对优质人力资本需求的增大，接受良好的教育成为提高自身本领和适应市场变化的重要条件。在市场经济条件下，劳动者收入与受教育程度呈正比例关系。数据显示，文化程度越高的就业者，薪资水平越高，就业收入的增长也较快。教育在一定程度上具有社会分配与社会分层的功能，很多人希望通过接受更高水平的教育来获得政治、经济、文化与社会利益，改变、改善自己或子女现有的生活状态。较高的教育收益预期加上日渐增加的教育支出，使教育规划成为个人理财规划中的重要内容。

二、 教育费用逐年增长

教育费用的持续上升，使得教育开支占家庭总支出的比重越来越大。通常我们用"教育负担比"来衡量教育开支对家庭生活的影响，公式为

教育负担比 = 届时子女教育金费用/家庭届时税后收入 × 100%

林先生的女儿刚刚考入国内某名牌大学。女儿正式入学前，林先生计算了一下女儿读大学一年的费用，主要包括：全年学费 2 万元，住宿费 3000 元，日常各项开支预计每月 2500 元，以全年 10 个月计算，共需要 25 万元。林先生夫妻两人全年税后收入 15 万元。

教育金届时费用 = 学费 + 住宿费 + 日常开支 = 20000 + 3000 + 25000 = 48000 元；

教育负担比 = 届时子女教育金费用/家庭届时税后收入 × 100% =

$48000/150000 \times 100\% = 32\%$。

林先生女儿读大学的费用占家庭税后总收入的32%，林先生家庭能够承担，但是会明显感觉到压力，也会影响到家庭的其他财务安排。在通常情况下，如果预计教育负担比高于30%，就应该尽早进行准备。比如，在孩子小时候就定期定投储备教育金。

三、 教育金的特性

与购房和退休两个目标相比，子女教育缺乏时间弹性，缺乏费用弹性，也缺乏规划弹性。

子女到了一定年龄（18岁左右）就要上大学了，不像购房规划，若财力不足可以延后几年购房；也不像退休规划，若储蓄的养老金不足可以延后退休。任何父母都不希望儿女考上了大学却因为资金不够而拖延入学。所以，子女教育规划缺乏时间弹性，需要提早准备。

子女高等教育阶段的学费相对固定，不会因为学生家庭情况而有所差异。购房规划若财力不足，降低购房的面积或者选择房价较低的区域还可以实现；退休规划若财力不足，降低退休后生活水平也还过得下去。孩子教育若因财力不足，则不能选择廉价学校，学费也不会打折。所以，如今上大学最大的障碍不是子女的智力，而是父母的财力。子女教育费用缺乏费用弹性，所以要准备足额的高等教育基金。

孩子自从出生就开始各种各样的花销，父母为孩子积攒教育金的时间也并没那么长，所以在规划过程中弹性也较小。子女教育规划对子女发展和家庭发展的意义重大，子女教育费用的三大特性决定了子女教育规划的原则和适用的工具。

四、 子女教育规划核心原则

子女教育规划的原则可以总结为 16 个字：目标合理、提早规划、定期定额、稳健投资。

（一）目标合理

"望子成龙，望女成凤"最能表达中国父母对孩子的殷切期盼。不过，父母的期望与子女的兴趣能力可能会有差距，而且子女在人生的不同阶段，其兴趣爱好也在发生变化。之前就有一位酷爱艺术的大学生将自己的父母告上了法院，原因是父母未经他的同意将家族企业的股份转移到他的名下，而他根本没有接手家族企业的想法。因此，我们为子女设定教育目标时应充分考虑孩子自身的特点，并结合客户家庭的实际经济情况设定目标。比如，上普通大学还是艺术院校，是在国内读大学还是出国留学等，应根据多方面因素考虑。

（二）提早规划

子女教育基金不仅仅是学费那么简单，这笔开销还包括子女的饮食、交通、衣着、教育费、交际娱乐费和医疗费用等。若考虑未来不确定的通货膨胀因素，子女教育费用就是一笔不小的支出。所以，我们应该尽早规划子女的教育基金，时间越长，准备越充足。从量上看，在制订规划时要相对宽松些，以防有超出计划的需要。

（三）定期定额

子女教育规划应提早准备，将教育金的积累分散在比较长的时间里以分散压力。在这短则几年、长则十几年的时间里坚持积累教育金并不容易。因而利用定期定额计划，用实际数字来量化理财目标，对定期储蓄自制力差的人采取强制储蓄措施，使其比较容易坚持下来。每月存一部分，虽然单次额度不大，但坚持习惯性储蓄就能为子女教育基金打下坚实的基础。目前有很多投资工具可以用来强制储蓄，比如教育储蓄，教育保险等。

（四）稳健投资

教育金并非越多越好，我们切不可因筹资的压力而选择高风险投资工具，因为本金遭受损失对未来子女教育的不利影响会更大。根据收益与风险的关系，任何可能获得高收益的投资都将伴随高风险。子女教育资金的投资应坚持稳健原则，尤其对于那些距子女读大学时间较短的人来讲，这一点尤为重要。

目标合理、提早规划、定期定额，稳健投资，这十六字原则可以作为我们准备子女教育金的整体思路，也为具体规划的选择指明了方向。

五、 教育规划工具

（一）教育储蓄

当和身边的朋友说起"教育储蓄"的时候，大部分人都一脸困惑地说："还有这么一种储蓄呢？以前都没有听说过。"中国人民银行早在 2000 年 3 月 28 颁布的《教育储蓄管理办法》就阐明，开展教育储蓄的目的是"为了鼓励城乡居民以储蓄方式为子女教育积蓄资金，支持教育事业发展"。

教育储蓄是指在银行开户时约定存期，本金分次存入，到期时储户凭存折及学校提供的正在接受非义务教育的学生证明（必须是当年有效证明，且一份证明只能享受一次利率优惠）一次支取本息，并免征储蓄存款利息所得税。其作为零存整取储蓄将享受整存整取利息，利率优惠幅度在 25% 以上。存期分为 1 年、3 年、6 年。教育储蓄具有储户特定、存期灵活、总额控制、利率优惠、利息免税、定向使用、贷款优先的特点。教育储蓄能积零成整，满足中低收入家庭小额存储，积蓄资金，解决子女非义务教育支出的需要。

教育储蓄符合子女教育规划中"定期定额、稳健投资"的原则，但是教育储蓄有两个最明显的短板：一是教育储蓄的开户对象必须为在校小学四年级（含四年级）以上学生，人员范围严格受限；二是教育储蓄的本金合计最高限额为 2 万元，本金加上利息的总额也很难满足目前高等教育阶段水涨船高的教育费用。教育储蓄可以作为准备教育金的辅助方法之一。

（二）子女教育保险

子女教育保险是以少年儿童为被保险人，投保人一般为少年儿童的父母或抚养人，通常以达到入学或升学年龄为满期日。当被保险人达到规定的年龄时，由保险人向被保险人给付教育保险金。投保人如在交费期内死亡或残废，可享受免交剩余保费优惠，保险满期时，被保险人仍可获得约定的教育保险金。

1. 子女教育保险的类型

从保险产品的保障期限来看，子女教育保险主要分为终身型和非终身型。非终身型子女教育保险一般属于真正的"专款专用"型的教育金产品。在保险金的返还上，完全针对少儿的教育阶段而定，通常会从孩子进入高中和进入大学两个重要时间节点开始，每年返还资金，到孩子大学毕业或创业阶段再一次性返还一笔资金以及账户价值，以帮助孩子在每一个教育的重要阶段都能获得一笔稳定的资金支持。

终身型子女教育金保险通常会考虑到一个人一生的变化，关爱孩子的一生，孩子小的时候可以用作教育金；成年后可以用作婚嫁金、创业启动资金；年老时可以转换为养老金，分享保险公司长期经营成果，保障家庭财富的传承。

2. 子女教育保险的优点

与教育储蓄相比，子女教育保险具有适用人群范围广泛、可分红、强制储蓄，以及在特定情况下保费可以豁免等优点。

（1）适用人群范围广泛。一般保险公司的子女教育保险产品在孩子出生满30天时就可以购买，适合所有家庭选择。教育保险金额不设上限，我们可以根据家庭财力情况自由选择。

（2）部分子女教育保险可以分红。子女教育保险有分红型和非分红型，分红型子女教育保险具有储蓄、保障、分红和投资等多种功能。一般来说，如果保额相同，具有分红功能的子女教育保险保费要高一些。分红型子女教育保险分享保险公司经营的成果，一定程度上降低了物价上涨带来的货币贬值风险。

（3）强制储蓄、专款专用。子女教育保险可以选择按月或者按年交纳保费，定期定额积累教育金。子女教育保险的期限一般比较长，这期间资金流动性被锁定，这在投资领域看起来是缺点，但是在子女教育规划领域恰恰成为专款专用、防止随意挪用的优点。另外，长期积累的子女教育保险具有现金价值，如果真的急需用钱，可以通过保单质押贷款变现应急，但切记要及时偿还，以免影响教育金支付时的现金流量。

（4）保费豁免功能。子女未成年阶段面临的最大风险是父母身故或者失去收入能力，此时教育储蓄会中断，其他抚养教育子女的安排也很可能被挪用。子女教育保险却能很好地转移这种风险，因为它可以附加保费豁免功能。当作为投保人的父母不幸身故或者严重伤残而丧失交费能力时，保险公司将免去其以后要交的保费，而孩子在领取保险金的时候却可以领取与正常交费情况下一样的保险金。这一独特安排对于保障孩子的抚养教育非常重要，这是教育储蓄和其他投资工具所不具备的优点。

另外，子女教育保险还可以附加意外伤害保险、医疗保险，为孩子提供更全面的保障；子女教育保险也可以与家族信托强强联合，满足高净值人群长远规划家族子女教育的需求。

（三）基金

教育规划追求的是稳健投资，由于教育规划缺乏费用弹性，如果用基金投资准备教育金，则需要谨慎选择。股票型基金高风险、高收益，一般不太适合用来准备教育金，或者尽量少配置；混合型基金风险收益适中，可以用来准备长期教育资金；债券型基金收益相对稳定，是教育规划理想的选择；货币市场基金收益太低，不是好的选择。

除了要选择合适的基金产品之外，还需要特别注意投资方式：是选择一次性投入，还是定期、定额投资？根据以往的经验和市场环境来看，采用定期定额的方式比较好，也就是通过基金定投的方式为孩子准备教育金，既可以强制储蓄，又可以提高收益，且收益相对稳定，是一种理想的选择。但是基金毕竟还是有风险的，所以建议准备通过基金投资给孩子准备教育金的家长，可以选择不同风格的基金组合，这样在不同的市场环境下才能灵活应对，以保证长期稳定增值。

（四）债券

债券是一种债权债务凭证。一般认为债券是固定收益产品，风险相对较小，这一般是针对场外的债券投资而言的，就是你购买债券之后需要持有到期，然后获取本金利息。还有很多投资者投资债券是通过证券交易所进行买卖的，必然会有折价溢价，所以收益也是浮动的，也有可能会亏损。

通过债券投资给孩子准备教育金，一般适合选择场外市场的国债等，但是需要注意的是，国债虽然安全性非常好，但是收益并不高，而且一般的债券按照单利计息，期限也不会特别长，所以要注意投资时间上的搭配。

（五）教育金信托

教育金信托是国外非常流行的一种投资工具，是由父母委托一家专业的信托机构帮忙管理自己的一笔财产，并通过信托合同约定这笔资金主要用于支付未来子女教育相关费用。教育金信托具有鼓励子女奋斗、防止子女不良嗜好、培养子女理财观念、规避家庭财务危机和专业理财管理的优势，是未来进行教育规划非常好的一个选择，但是目前在国内的发展正处于初级阶段，只有少数信托公司针对高净值客户开展相关业务。

通过对教育规划工具基金、债券和教育金信托的分享，希望在未来帮助子女做教育规划的时候，能够更加理性地选择，采用合适的教育工具组合，既保证一定的收益，又可以规避一定的风险，满足子女教育规划的需求。

六、 子女出国留学规划技巧

俗话说，"望子成龙，望女成凤"。为人父母者都希望子女成才，而随着中国经济的发展、人们生活的富裕，越来越多父母希望子女出国留学。据中国与全球化智库（CCG）编著的《中国留学发展报告（2016）》，我国 2016 年度出国留学人员总数为 54.45 万人。2000—2016 年，中国留学人员数量以年均 18.7% 的增长率迅速增长。中国已成为出国留学生最多的国家，是美、加、英、澳等英语国家的最大留学生生源国。出国留学已形成一股热潮，但在这股热潮中，你一定不能盲目，如果打算把子女送出国，有些问题一定要考虑清楚。

（一）何时送子女出国留学

子女出国留学对多数家庭来说都是一件大事，因此不光要考虑家长的期望，也应考虑子女的意愿和对子女发展的影响。所以决定让子女什么时间出国是一个很关键的问题。目前，出国留学主要有 3 个阶段：出国读中学、读本科、读研究生（包括硕士和博士）。而考虑让子女哪个阶段出国，主要从家庭经济情况和子女性格、独立能力去考虑。如果孩子比较成熟，基本了解国外教育方式，且家庭条件允许，可以让学生从高中开始留学；但如果孩子本身并不是十分成熟，对新鲜事物的接受能力比较弱，则建议孩子至少高中毕业再出国；要是家庭经济条件一般，则可以在研究生阶段再申请出国。根据经验来看，越小的孩子出国留学，所承担的风险越大。因为在孩子三观还没有形成之前，去一个与中国差异较大的国家，会受到文化差异、生活习惯等方面的冲击，会使孩子产生很大的压力，所以在选择哪个阶段让孩子出国留学时一定要慎重。

（二）去哪个国家，做哪些准备

选择出国留学时一定要先了解目标国家的学费、政策等信息，结合家庭经济情况、子女学习能力、未来的发展方向等因素去综合考虑，切勿盲目跟风。

目前，最受追捧的依然是美国、英国、澳大利亚、加拿大等欧美国家，但亚洲国家也在逐渐升温。

美国目前是世界上最大的教育输入国，国际一流学校很多，引领世界学术界的发展，几乎大部分专业实力都很强。但需注意的是，美国的申请条件比较高，如需提供存款证明，有的学校和专业还需提供作品集，要求面试等条件。且费用比较贵，以本科为例：一年的学费是6万~25万元，生活费是14万~20万元，但具体还得看学习的学校、专业和城市。英国作为现代高等教育的发源地，有些学科学时比较短，可以用一年的时间拿到一个硕士学位，入学条件也没有美国那么严格。但是近几年来，英国在留学生就业政策上极其严苛，几乎没有任何工作机会，而且英国和美国一样，留学费用相对，比较昂贵。如果你的家庭条件比较好，教育规划时间充裕，则可以选择美英作为留学目的地。而家庭经济条件一般的家庭可以选择像爱尔兰这种以英语为母语的欧洲国家为目的地。

（三）做好教育规划，准备充足资金

前面的内容中，我们讲述了教育规划的原则和规划工具，就不再赘述了。我们在此只了解下"留学贷款"这种融资工具。因为教育规划具有时间刚性，可能在孩子要出国留学时，你还没准备好全部的费用，这时就需要用到留学贷款。

留学贷款是指银行向出国留学人员或其直系亲属或其配偶发放的，用于支付留学人员学费、基本生活费等必需费用的个人贷款。留学贷款的申请人需具备以下条件：

（1）借款人需有贷款行所在地户口，且具有完全民事行为能力。

（2）借款人能提供相应的担保，如房产、国债、本外币存单等。

（3）借款人需提供相应的消费用途证明，如入学通知书等。

（4）借款人需具有还款能力，没有不良贷款记录，且贷款到期时借款人不能超过 55 周岁。

留学贷款期限一般是 1~3 年，最长不超过 5 年，且有贷款额度限制，所以留学贷款只能用于教育规划的补充工具，不能过于依赖它。留学涉及的费用比较多，对子女以后的发展影响也比较大，所以一定要做出慎重的考虑和选择。

第四节　养老规划

"皤腹老翁眉似雪，海棠花下戏儿孙"，此诗表现出的场景应是每个人都向往的退休生活吧：儿孙满堂，家庭和睦，海棠花下弄孙为乐。而相对的"酒债寻常行处有，人生七十古来稀"所表现的老年生活，相信是任何一个人都不愿体验的，长寿却没钱，处处欠着酒债。

从这两句诗我们看到，不管经济状况如何，老年生活都会到来，养老问题对于我们每个人来说都是不可回避的问题，而一个有尊严、高品质的老年生活是每个人都期望的。所以，养老规划是理财规划中非常重要的组成部分，是不可忽略的问题。让我们一起来了解养老规划的特性和我国养老形势的现状。

（一）认识养老规划

养老规划就是为退休后的生活提前准备费用，从而保证生活质量不变。因为我们退休后一般不会再有工资性收入，退休后的生活、医疗等费用大多是年轻时准备的，而养老费用具有支出时间长、总体金额大的特性，是退休后生活费用的主要来源，不能承受太大的风险。所以我们在做规划时要遵循着"提早规划、定期定额、专款专用、稳健投资"的原则。

（1）"提早规划"可以使你拥有充足的时间，这样可供选择的产品就比较多，而且可以充分利用复利价值，对风险的应对空间也很大。

（2）"定期定额"可以起到强制储蓄，减轻各期经济压力的作用。

（3）"专款专用"可以保证退休后有足够的生存费用，不会引发养老风险。

（4）"稳健投资"是养老规划中非常重要的一个原则，我们在做投资时一定要先考虑风险，再去追求收益。

（二）未来的养老方式

据国家统计局公布的《2016年国民经济和社会发展统计公报》，截至2016年年末，我国60岁以上的人口有2.31亿人，占总人口数量的16.7%，比2015年同比增加了0.09亿人。考虑到我国计划生育政策和人均寿命提高的因素，我国未来老龄化水平将会逐年上升。预计2050年达到顶峰，老龄人口总数将达到4.8亿人左右，约占总人口的30%，也就是说3个中国人中将有1个是60岁以上的老人。针对这种严峻的状况，我国未来的养老方式将会发生怎样的改变呢？

1. 居家养老

对多数中国人来说，"在家养老，养老不离家"是最为理想的养老方式，但现在的年轻人很多是异地工作和夫妻双职工，导致老人居家养老无人照料。为了应对这种情况，国务院2013年发布了《关于加快发展养老服务业的若干意见》，到2030年我国养老规划的愿景是：全面建成以居家为基础、社区为依托、机构为支撑，功能完善、规模适度、覆盖城乡的养老服务体系。同样是在家养老，未来的居家养老将与以往有所不同。

未来的居家养老主要是专业化服务走进居民社区和家庭，包括配餐送餐、入户护理、健康咨询、医疗保健。老人一日三餐有专人送到家，定期组织健康检查，可以自理的老人可以在社区的老人中心休闲、娱乐，不能自理的老人有专人看护。

而智能化也将参与到居家养老的专业性服务中。据民政部介绍，我国已经开展国家智能养老物联网应用试点工作，通过开展老人定位求助、老人跌倒自动检测、痴呆老人防走失、老人行为智能分析等服务，探索养老服务机构对社区老人开展社会化服务的新模式。

也就是说，未来的居家养老不再是依靠家庭的力量来赡养、看护老人，而是借助社区服务机构、互联网的力量来服务老人，老人的衣食有专人负责，健康状况和意外状况有智能看护，一旦发生不测，会有人员第一时刻赶到。

2. 机构养老

虽然养老院等机构养老不是健康老人的首选，但却可以为那些失能半自理老人提供专业化的服务。而现在的养老院基本只提供看护，没有医疗，这其实与老人的需求是不完全契合的。未来的养老机构应发展为医养结合的模式，养老院将是既能看病又能养老的地方，这样才能满足高龄老人（75 岁以上）的需求。

3. 老老相助

"老老相助"是未来"中国式养老"的特色补充，"小老人"照顾"老老人"，身体好的照顾身体弱的，邻里乡亲照顾留守、空巢老人。这种更强调普通百姓之间相互帮扶与慰藉的养老模式，将成为未来中国城乡居家和机构养老的特色补充。

现在，我国很多农村地区为了解决养老问题，都由政府鼓励、资助，由村集体组织老人成立老年大院协会，为老人提供休闲活动场所，形成互助养老的格局。这样可以让老人们生活有保障，精神也不孤独。互助养老作为社区和农村养老的补充，符合我国传统文化和实际发展需求，必将成为未来"中国式养老"的一大特色。

随着科技的发展和养老意识的提升，我们相信未来会有更多符合我国国情的新型养老模式诞生。

二、 我国养老形势分析

维持退休生活的基本条件主要包括 3 条：现金、住房和医疗。现金是保障老人基本生活的第一物质要求，拥有现金流才能维持正常的生活。住房是老人的栖身之所，也是"家"的载体。而医疗是保障老人身体健康、晚年幸福的因素。下面就让我们从这 3 个角度来分析下我国养老的现状。

（一）退休后的现金流

我国现在的养老保障体制主要是由 3 个部分构成：第一个也是最基础的是社会养老保险，但我国现在的社会养老保险空账已达到 4 万亿元以上，已经处于入不敷出的边缘。而养老替代率也从 1997 年的 70% 降低到 45%，也就是说现在退休后领取的养老金只有退休前工资的 45%，远远不能满足退休后的生活。第二个养老保障支柱是企业年金计划，但我国现在对企业年金计划仅采取政策鼓励，但不强制，也就是说企业年金计划不是每个企业都有的，一般只有地方国企和央企才有，不够普及，对大多数人来说，不能成为依靠。第三个也是最后一个养老保障支柱就是商业养老产品，如保险、国债、债券型基金等，这种养老金准备方式完全看个人意愿。但从社保的养老替代率来看商业养老将成为主流。养老主要还是靠我们自己。

（二）退休后的住房

住房作为我们退休后的栖息之所，一般在年轻时就已经有了，但我们却要注意光有房子可能也养不了老。因为随着我们年龄的增长，生活自理的能力也在下降，而子女因为工作等原因不可能一直陪护在我们身边，这时可能就需要雇佣专门的护理人员或去养老院。而随着我国进入老龄化社会，养老资源越来越紧缺，专业护理人员的费用越来越高，养老院一床难求。所以，光有一套住房是不能完成养老的，我们还应考虑相关的生活问题，但从目前我国的情况来看，这部分养老资源是很匮乏的。

（三） 医疗情况

退休以后拥有一个健康的身体，是我们每一个人的心愿，但随着年龄的增长，身体机能越来越差，生病的概率也越来越大。而现在医疗费用逐年上升，医疗费用的支出成为退休生活中支出中比较大的一部分。所以要想有一个美满的晚年，不光要考虑生活费用，还得考虑医疗费用。

所以我国现在养老形势十分严峻，养老问题已经成为一个严重的社会问题。要想拥有一个自立、自尊、高品质的晚年生活，需要准备好充足的养老金，提早做好养老规划。

三、 影响养老规划的因素

影响养老金规划的因素有很多，但主要因素是家庭结构、预期寿命、退休年龄和通货膨胀率等。下面让我们来一一了解。

（一） 家庭结构

我国的家庭结构长期以大家族的形式存在，养老主要是靠子女养老和家族亲属之间的互助。但随着我国社会从农业型向工业型转型，社会生活发生了重大变化，家庭为了适应生产、生活方式的变化，也发生了变革，由复杂、庞大的大家族转变成了简单、规模较小的小家庭。特别是在计划生育实施以后，双方父母加上一个孩子成了家庭模式的标准模式，也就是我们通常所说的"421"家庭模式。家庭结构和规模的变化对养老规划产生了重要的影响，亲属之间联系和互助越来越少，而随着"421"家庭模式的普及，子女的生活压力越来越大，靠子女养老也越来越不现实。所以，要想拥有高品质的晚年生活就不能依靠子女的赡养，还需提早储备养老金。

（二）预期寿命

人们的预期寿命在养老规划中应该是重点考虑的问题，预期寿命长，则应该多准备养老金；预期寿命短，就可以少准备些养老金。若退休后的实际寿命大于准备养老金的预期寿命，那么就意味着产生了风险。而随着生活水平和医疗水平的提升，人们的寿命已经大幅增长，根据 2016 年 8 月世界卫生组织公布的《2016 年世界卫生统计报告》，我国 2015 年人均寿命已达 76.1 岁，比 2000 年增长了 2.1 岁。所以，在进行养老规划时，一定要综合考虑家族平均寿命、社会平均寿命和未来寿命的增长，这样才能不产生"人活着、钱没了"的风险。

（三）退休年龄

在进行养老规划时，除了要了解预期寿命外，还应了解我们自己计划的退休年龄。因为退休时间早，则意味着积累养老金的时间少，消耗养老金的时间长，所以要根据自己的意愿和财务情况确定一个合理的退休时间。例如，李先生今年 30 岁，希望 55 岁退休，退休时需要准备 400 万元养老金，现在拿出 30 万元作为起始资金，每年投资组合的收益率假设是 10%，在退休时可以积攒 325 万元，远低于需要的 400 万元，这时就应该让李先生考虑推迟退休或增加起始资金。

（四）通货膨胀

因为通货膨胀的存在，货币的购买力在不断下降。2000 年，我们吃一顿早餐大约需要 4 元钱，现在则需要 10 元钱左右。所以在做养老规划时一定要考虑通货膨胀的存在。

家庭结构使人们的养老模式发生了改变，预期寿命和退休年龄决定了退休后使用养老金的年限，通货膨胀则影响了养老金的购买力，这些都是在做养老规划时应该考虑的因素。只有这些都考虑全面了才能使我们自己储备足够的养老金，从而拥有一个高品质的晚年生活。

四、 我国的社会养老保险制度

社会基本养老保险是我国依法强制建立和实施的一种社会保险制度。由国家、企业和员工共同出资，在员工退休后发放，从而保障其基本生活，是社会养老保障体系最基础的部分。

我们应该怎么缴纳呢？这笔钱又是怎么管理的？退休时又能领取多少呢？

首先，让我们通过一个案例来看看社会基本养老保险是怎么缴纳的：石先生今年 25 岁，研究生刚毕业，在北京工作，月薪 5000元。石先生每月要缴纳的社会基本养老保险金额度是工资的 8%，而单位为他缴纳社会基本养老保险金额度为其工资的 20%。这些钱都属于石先生吗？不是的，因为我国的社会基本养老保险分为两个账户存储，其中员工缴纳的钱放入个人账户，企业缴纳的钱放入社会统筹账户。个人账户中的钱全是石先生的，在他退休时按月发放，而社会统筹账户中的钱是发放给现在已经退休的老年人，当石先生退休时，会拿到届时年轻人缴纳到社会统筹账户中的钱。需要注意的是，当社会统筹账户中的钱不够支付已退休老年人的退休金时，会借用个人账户的，如果还不够，国家用财政支出补贴。

其次，社会基本养老保险在资金管理上，多数由省级统筹，实行收支两条线管理，即收入纳入财政专户存储，支出要专款专用，并要经过严格的审批流程。养老保险基金的结余除预留相当于 2 个月的养老金支出外，其余全部用于购买国债或存入专户，不能用于其他营利性投资，所以相对来说收益不是太高。

最后，在退休时领取的养老金由个人账户养老金和基础养老金两部分组成。假设石先生 60 岁退休，缴费 35 年，假设社保年化收益率为 2%，在石先生退休时个人账户累计共有 243029 元。石先生每月的个人账户养老金是 243029 元除以规定的计发月数 139，即 1748.41 元。个人账户养老金是缴费越多、退休越晚，每月领取的越多。而基础养老金的计算公式为：（本地上年度在岗职工月平均工资＋本人指数化月平均缴费工资的平均数）/2×缴费年数×1%。假设石先生退休时指数化月平均缴费工资的平均数是 5500 元，北京 2017 年在岗职工月平均工资是 4000 元，那石先生的基础养老金是（5500＋4000）/2×35×1%，即 1662.50 元，退休时缴费年数越长、退休地平均工资越高，基础养老金越高。石先生退休时总共的养老金是 3410.50 元，相对于退休前低了不少。

但如果退休时养老保险缴费年限不足 15 年，是没有退休金的，只能一次性领取个人账户中的资金，统筹账户的资金就和自己没关系了；如果想领取退休金需按工资 20% 的比例续缴，缴满 15 年后再领取。

社会基础养老保险作为我国养老体系的基石，具有社会互济、分散风险、保障性的特征，是养老体系中不可或缺的第一支柱。

五、 企业年金

随着我国养老形势越来越严峻，越来越多的毕业生青睐于有企业年金的国企，认为此类国企退休后有保障、稳定，掀起了一股"国企热"的风潮。企业年金是企业缴纳完社会基本养老保险后，根据自身经济实力，自愿为员工缴纳的补充性养老金。建立企业年金，首先由企业与工会或职工代表集体协商，形成企业年金方案。国有及国有控股企业的企业年金方案草案需提交职工大会或职工代表大会讨论通过，然后再报送人力资源与社会保障部门，人力资源与社会保障部门自收到企业年金方案文本之日起 15 日内未提出异议的，企业年金方案即行生效。

企业年金方案生效后，资金由企业与职工共同出资缴纳。企业缴费每年不超过本企业上年度职工工资总额的 1/12，企业和员工个人缴费合计不超过本企业上年度职工工资总额的 1/6。也就是说，我国企业年金的管理办法主要是控制企业和个人总的缴费规模，但不要求企业比职工多缴费，而我国的企业和员工的缴费额度一般都是一样的。这些资金采取个人账户方式进行管理，也就是你自己缴纳的资金是你自己的，企业为你缴纳的资金也是你的，不会发放给别人。

这些资金怎么管理呢？我国《企业年金基金管理办法》规定，企业不能直接管理企业年金，需成立"企业年金理事会"或委托"法人受托机构"管理。管理时实行分离管理：一是"账户管理人"精算企业年金待遇，记录、核对、报告账户财产变化状况，使账户运作透明化；二是"托管人"保管企业年金财产，确保年金财产的完整和独立；三是"投资管理人"进行财产投资、风险管控，投资的产品不像社会基本养老保险有那么多限制，所以收益相对要高很多。通过隔离运行，专业的"人"做专业的事，企业年金就可以安全、透明、高效地运营。

领取企业年金分为两种情况：一是达到国家法定退休年龄，可以一次性全额领取或按年、季、月分期领取。由于按每次领取额缴纳个税，为了更好地节税，建议按月领取。二是个人出境定居或死亡的可以一次性领取，领取后分摊到 12 个月，就其每月分摊额缴纳个税。

企业年金作为社会养老保障体制的"第二支柱"，越来越受到国家和企业的重视。因为是市场化运营，相比社会基本养老保险来说收益要高。我国企业年金起步比较晚，还不普及，根据《2016 年度人力资源和社会保障事业发展统计公报》，我国只有 7.63 万户企业建立了企业年金，参加职工人数为 2325 万人。企业年金还是少数人的福利，但随着企业年金制度的完善，它将为我国养老难题的解决带来新的曙光。

六、 个人商业养老规划工具

随着"银发浪潮"来袭，我国老年人口数量激增，老龄化程度日渐加深，"养儿防老"、国家养老等传统养老模式面临着巨大的危机。年轻人自顾不暇，社会基本养老保险只能为我们的退休生活提供基本的生活费用，而目前只有少数企业有企业年金。所以，为了拥有高品质的退休生活，越来越多的人倾向于商业养老。根据退休养老规划的特点我们可以看出，中长期、安全性高、有一定收益的金融产品比较适合作为养老规划的工具。下面就让我们来分析几种适合养老的金融产品。

（一） 商业养老保险

商业养老保险是国家养老保障体系"三大支柱"之一，它被誉为社会的"稳定器"，而随着国家对商业保险的重视和对保险知识的普及，越来越多的个人和家庭选择商业保险作为自己家庭的养老金规划工具。

商业养老保险是由我们在年轻时交纳保险费，等到达合同约定的年龄时，开始持续、定期地领取养老金的一种人寿保险。商业养老保险的交费期限比较长，通常有 10 年、20 年、30 年几种，交费压力比较小，并且是复利计息，时间越长收益越多，是一种中长期规划。商业养老保险的养老金按照合同的约定来领取，能够保证安全性。商业养老保险主要有传统型的年金保险和采用年金形式的分红保险两种。传统型的年金保险在被保险人生存期间，按照保险合同的约定，定期、定额领取养老金；采用年金形式的分红保险按照保险合同约定定期领取养老金，所领取的养老金分为固定金额和保单红利两部分。其中，固定金额部分是保险责任，是必须支付的，保单红利则是根据保险公司当年的经营情况而支付的，是不保证的。两种类型都能保证养老金的持续、稳定且有一定的收益，从而减轻通货膨胀的影响。

（二）国债

国债是以国家信用为基础，向投资者出具的承诺在一定时期支付利息和到期偿还本金的债权债务凭证。国债的申购起点低，100元就可以起购，所以可以定期购买，每期压力小，而债券的期限通常是5年左右，是中期规划。国债是以国家信用作担保的，所以安全性很高。国债的利率是固定的，但需注意它是单利计息。

（三）债券型基金

债券型基金是资产80%以上投资债券市场的基金。债券型基金可以采用定额定投的方式来购买，基金定投时长没有限制，可以做长期投资。这样可以积少成多，平摊投资成本，降低整体风险。

这几种养老规划工具中，商业保险安全性较高，收益按照复利计算，但由于只有现金价值累计收益，所以适合中长期规划；国债安全性最高，但由于是单利计息，收益相对低一些，所以适合作为养老规划的补充；债券型基金收益按照复利计息，且可以有效地利用家庭的闲散资金，所以是一种适合大众的规划工具。我们可以根据自己的养老目标、现在的年龄、家庭的财务情况选择合适的理财工具做产品组合，从而满足养老规划的需求。

第五节　保险规划

俗话说，"三十年河东，三十年河西"。我国百姓对保险的意识随着社会和保险行业的发展，发生了翻天覆地的变化。中国百姓保险投资意愿逐年提高。与前些年相比，保险实现大逆袭成为百姓理财的首选。更有甚者：互联网保险第三方平台慧择网 2018 年发布的《90 后保险大数据报告》称：90 后平均每人持有 4 张保单。虽然百姓购买保险的积极性很高，但是却存在误区，本节帮大家分析家庭财务风险防控的因素，教会你保险规划的基本方法，最终详细写出 3 种家庭类型的保险方案供你借鉴。

一、　常见投保误区

尽管我们购买保险的意识越来越强，但是在购买保险的道路上却存在很多误区：只购买储蓄型为主的保险；只给孩子购买保险而家长没有任何保障；很多个人及家庭认为已经买了一份保险就不用再次购买；等等。买保险是一件专业的事，需要从专业的角度进行规划。接下来，我们按生命周期将人生分成 3 个阶段，看看不同阶段应该怎样规划保险。这 3 个阶段是：单身期、家庭成长期（是指从夫妻结婚到孩子大学毕业这个阶段。此时上有老人要赡养，下有幼儿要抚养，还有房贷、车贷等）、退休前期（是指孩子大学毕业到退休者这个阶段。人到中年，孩子大学毕业后工作，可以自己养活自己。家庭收入达到高峰期，面临养老）。其中家庭成长期的保险责任最重，我们首先来讲解。

二、 处于家庭成长期人士的保险规划

家庭成长期人士（是指家庭中丈夫或妻子，一般指创造家庭收入较多的一方。如果夫妻双方都创造收入且收入相仿，则指夫妻双方）作为家庭的主要经济支柱，家庭责任最重、工作压力最大。尽管随着工作经验的积累，收入会不断增加，然而随着买房、抚养孩子、赡养老人等，支出也在不断增大。这个时期的人士保险规划最为复杂，我们按照家庭风险分析、险种匹配、额度参考给出家庭成长期人士保险规划的范本。

（一）家庭风险分析

1. 家庭成员人身风险

（1）死亡风险。死亡风险是个人和家庭面临的最大风险。家庭主要收入者的死亡会导致家庭收入中断，家庭理财目标难以实现。家庭次要收入者死亡，会导致家庭主要收入者部分精力和时间用于照顾家庭，进而影响主要收入者的收入。在理财中应优先关注家庭主要收入者的死亡风险，帮助客户制订有效的死亡风险保障计划。《2017年人口统计数据》显示，2017年全年死亡人口986万人。造成死亡的原因很多，我们主要了解一下因病死亡和因自然灾害死亡的情况。

一是疾病导致死亡。如果家庭主要收入者因病而死，会严重影响家庭收入目标的实现，导致家庭因病致贫、因病返贫。如果家庭主要收入者属于"上有老、下有小"且家庭还有房贷的情况，收入一旦中断，家庭债务将无法偿还、小孩教育金无法保证、老人可能无人赡养、对另一半的承诺将无法兑现。

二是自然灾害导致死亡。自然灾害和意外事故导致大量人口死亡。我们的生存环境随时面临自然灾害和意外事故，尤其是意外事故，我们每天打开电视和网络，各种意外事故就会映入眼帘。其中仅每年家庭火灾的死亡人数就触目惊心。

（2）健康风险。健康风险主要是指疾病风险。这类风险对个人或家庭经济方面的影响主要表现在两个方面：一方面是医疗费用风险，疾病和残疾都会给个人和家庭带来沉重的医疗费用负担；另一方面是收入损失风险，由于疾病将会导致家庭当期或者未来收入减少或中断。一般来说，疾病风险是一种危害严重、涉及面广、复杂多样，且直接关系到个人基本生存利益的风险。

一是疾病发生普遍。疾病风险对于每个家庭而言都是无法回避的，其发生频率很高，尤其是癌症。生存环境恶化、食品安全、大气污染、家庭成长期人士为了挣钱养家工作压力大等因素对我们健康的影响日趋严重，癌症等重大疾病的发病率将来会不断提高。

二是疾病危害严重。疾病发生后会给个人和家庭带来风险损失。风险损失不仅包括经济上的损失，还有健康和生命的损失以及心理的损失。疾病的治疗与康复会给家庭特别是普通家庭带来严重的财务负担。疾病风险的危害对象是人，将造成劳动能力的丧失。

三是疾病非常复杂。人类已知病的种类繁多，每一种疾病会因个体差异而表现各异。此外，生活方式、环境污染、工作压力和环境污染等因素会导致人类亚健康及各种潜在疾病。这些都会使得疾病难以消灭。在健康风险管理中，每个个人和家庭都应该做好健康保险计划。

（3）意外风险。意外事故害人不浅，尤其是交通事故可以导致人死亡和残疾。中国因为交通事故而死亡的人数居世界第一已经多年。根据第六次全国人口普查我国总人口数，及第二次全国残疾人抽样调查显示，我国各类残疾人的人数分别为：视力残疾1263万人；听力残疾2054万人；言语残疾130万人；肢体残疾2472万人；智力残疾568万人；精神残疾629万人；多重残疾1386万人。各残疾等级人数分别为：重度残疾2518万人；中度和轻度残疾人5984万人。残疾原因中，因为意外事故致残的比例不在少数。残疾经过积极治疗是可以基本康复的。

2. 家庭财产风险分析

（1）孩子教育金风险分析。家庭成长期的我们很关注孩子教育的花销，于是给孩子以银行存款、基金等形式储备教育金。教育金是刚性需求资金，但是这些工具中，有些过去安全不代表未来安全，过去收益可观不代表未来收益可观。本金和收益都存在着风险。除了以上风险，还存在父母发生意外，孩子教育金无能为继的风险。

（2）养老金风险分析。随着社会的发展、医学的进步，以及人们健康意识的提高和生活方式的转变，人均寿命的提高已经成为全世界的一个现象。老龄化人口在享受着长寿好处的同时，也面临着某些长寿风险。中国已经进入老龄化社会。国家统计局发布的老年人口统计数据显示：2017年年末，60岁以上人口占比为17.3%。国际上，当一个国家或地区60岁以上老年人口占人口总数的10%，即意味着这个国家或地区处于老龄化社会。目前，中国在还没有建立有效的养老服务体系的时候，就已经步入老龄化社会。中国老年的护理制度体系、护理功能体系以及老年产业的发展策略，目前都还处于构建阶段。社会的养老保障特别是老年护理供给能力还相当不足，依靠个人建立充足的老年自我保障能力，是目前每个家庭及个人面临的重要财务规划问题。

（3）资产配置风险分析。近几年，理财风波不断，互联网理财跑路等事件屡见不鲜；股市里被"割韭菜"成为惯例；楼市里说丰年已成为历史。投资单一金融资产的时代已经过时，人们都在追求资产配置。如果资产配置做的是"伪配置"，那将毫无意义。

（二）险种匹配

通过上面的分析我们发现，家庭成长期面临的人身和财产的风险非常多。对一些主要风险进行管理，需要配置不同种类的保险。接下来我们对各种险种进行详细介绍。《人身保险公司保险条款和保险费率管理办法（2015年修订)》第二章第七条规定，人身保险分为人寿保险、年金保险、健康保险、意外伤害保险。

1. 人寿保险——死亡风险

人寿保险是指以人的寿命为保险标的的人身保险。人寿保险分为传统寿险和新型寿险两大类。

（1）传统寿险。包括三种：定期寿险、终身寿险和两全保险。

定期寿险：以死亡为给付保险金条件，且保险期限为固定年限的人寿保险。定期寿险会在保险合同规定一定时期为保险有效期（一般是10年、20年、30年等；也有保障到多少岁，例如保障到40岁、50岁、60岁等），若被保险人在约定期限内死亡（假如约定20年），保险公司向受益人给付约定的保险金（假如约定金额为30万元，只要在保障的20年内死亡，保险公司就给付受益人约定的保险金额30万元）；如果被保险人在保险期限届满时仍然生存，合同终止，保险公司不给付保险金，也不退还已收保险费。该产品以死亡保障为主，不具备储蓄性，可以防止被保险人死亡给家庭其他成员带来经济问题，所以适合家中主要经济支柱。该产品成本比较低，适用于较低收入家庭。

终身寿险：以死亡为给付保险金条件，且保险期限为终身的人寿保险。具体讲就是，保险公司对被保险人终身负责，无论被保险人何时死亡，保险公司在保险责任范围内都有给付保险金义务。终身寿险的优点是可以得到终身保障，有储蓄性，有现金价值，有保单贷款和垫交保费的选择权。

两全保险：保险期内死亡或期满生存给付保险金的人寿保险（一般规定一个年龄比如80岁）。具体讲，被保险人在保险合同规定的年限内死亡（80岁内死亡）或合同规定的时点（80岁时）仍然生存，保险公司按照合同均给付保险金。两全保险的储蓄性极强，不仅可以使受益人得到保险金，也可以使被保险人本身受到其利益。一般情况下，两全保险的现金价值比较高，同时也具有贷款和垫交保费的选择权。

（2）创新寿险。包括3种：分红保险、万能保险和投资连结保险。

分红保险是指保险公司将其实际运营的成果，按一定比例向保单持有人进行分配的人寿保险产品。分红保险有以下优点：第一，保单持有人享受经营成果。保单持有人可以与保险公司共同享受经营成果，与不分红保险相比增加了投保人获利机会。第二，定价的精算假设比较保守。寿险产品在产品定价时主要以预定死亡率、预定利率和预定费率3个因素为依据。由于寿险公司要将部分盈余以红利（红利是当年可分配盈余的70%）的形式分配给客户，所以在定价时对精算假设估计较为保守，从而在经营中可能产生更多可分配盈余。第三，分红不确定。保险公司对于红利是没有保证的，在保险公司经营良好的年份，保单持有人会分到较多红利，如果保险公司经营状况不佳，保单持有人能分到的红利就会比较少，甚至没有。在购买分红保险时要选择一家过往分红较高的保险公司。

万能保险是一种交费灵活、保额可调整，投保人可以用灵活的方法来缴纳保费的保险。原中国保监会〔2017〕134号文件中规定：万能型保险产品设计应提供不定期、不定额追加保险费，灵活调整保险金额等功能。保险公司不得以附加险形式设计万能型保险产品。只要符合保单规定，投保人可以在任何时间不定额地交纳保费。根据原中国保监会〔2015〕19 号文件中规定：保险公司应当为万能寿险设立万能账户，并提供最低保证利率，且不得为负。万能保险的投保人每月可以看到对应的保险公司公布的万能保险结算利率，每年可以收到一份万能保险的收益报告。万能保险有以下特点：兼顾保障和功能；投保人可以获得最低保障和最低保证投资收益；具有较强的灵活性和透明性。

投资连结保险是一种投资型产品，保障成分较低。它是一种包含保险保障功能并至少在一个投资账户拥有一定资产价值的人身保险产品。投资连结保险有以下特点：投资为主，保障为辅；投保人可以享受产品收益，但是要承担全部投资风险；此险种更适合中高收入阶层。

2. 健康保险——疾病的风险

健康保险是以被保险人的身体为保险标的，使被保险人在疾病或意外事故所致伤害时发生的费用或损失获得补偿的一种保险。健康险可分为重大疾病保险、医疗费用保险、长期护理保险和伤残收入保险。

（1）重大疾病保险。由于各家保险公司对重大疾病保险的定义存在差别，造成保险人和被保险人理解上的差异，导致大量保险理赔纠纷的发生。鉴于此，2007 年中国保险行业协会与中国医师协会合作完成了我国首个保险行业统一的重大疾病保险的疾病定义的制订工作，推出了我国第一个重大疾病保险的行业规范性操作指南——《重大疾病保险的疾病定义使用规范》，其中对重疾险产品中最常见的 25 种疾病的表述和相关保险术语进行了统一，并做了明确表述。

某些重大疾病给家庭带来的是灾难性的费用支付，因为这些疾病一旦确诊，必然会产生大额医药费用支出。有些家庭因为巨大的医疗费用而卖掉唯一的住房，有些家庭因为巨额的医疗费用会产生"一人生病，全家回到解放前"的情景。罹患重大疾病后医药费用支出是一方面，后期的康复花费也是一笔巨大的开支，同时因为患病的原因工资减少或者没有收入的情况也屡见不鲜。如果购买了足够额度的重大疾病保险，一旦确诊立即一次性给付保险金额，不但可以支付一定的医疗费用和后期康复费用，还可以对工资的收入损失进行一定的补偿。

（2）医疗费用保险。它是提供病人为了治疗外伤或者疾病所发生的各项医疗费用保障的保险，包括诊疗费、手术费、住院、护理和检查费等。购买这种保险产品后，保险公司以被保险人在医疗诊治过程中发生的医疗费用为依据，按照合同约定，补偿其全部或部分医疗费用。这类保险产品在理赔时必须提供原始医疗费用收据，适合没有社保和社保补偿不足等人群投保。

（3）伤残收入保险。它是应对被保险人在残疾、疾病和意外受伤后不能继续工作时收入损失的保险。

3. 意外保险——残疾风险

意外伤害保险是被保险人在保险有效期内，因遭受非本意的、外来的、突然发生的意外事故，例如出差、旅游、乘坐交通工具、做家务、逛街等，致使身体残疾或者死亡时，保险公司按照保险合同的约定约付保险金的保险。意外保险保费低廉，投保简单，不需要体检，是典型的纯保障产品。其保费是最为低廉的，家庭中可以多配置意外伤害保险，从而以低廉的保费获得充足的保障。

4. 年金保险——长寿风险

年金保险是指投保人与保险公司签订保险合同，保险公司以年金领取人的生存为条件定期给付约定金额。长寿也是一种"风险"，这种生命的不确定性会给财务带来风险。由于每个人的寿命长短是无法预期的，准备的养老资金总有一天会花完，钱花完了怎么办？年金保险可以解决这一问题。实践证明，寿命增加与年金需求增加成正比。中国人口老龄化趋势使人的寿命增加，预计未来年金保险的需求会不断增加。

给孩子储备教育金时也可以配置年金保险，本金安全、强制储蓄，且父母发生意外可豁免后续保费。例如，父亲给孩子购买一份年存1万元的教育金保险，存15年，存到3年的时候孩子的父亲因意外离世，那么后续12年的保费将不用再交纳，相当于保险公司后续帮其交纳保费。年金保险也可以理解为保险公司推出的一款"理财产品"，由于其安全的特点，是资产配置中保值产品的不二选择。

（三）额度参考

保险购买多少额度，应该根据每个家庭的不同情况决定。我们给出参考公式，供大家参考。

1. 寿险额度

参考公式1：

寿险额度＝年收入×（预计退休年龄－当下年龄）

公式1原理：寿险购买的额度，是把自己死亡后的收入，由保险来解决。

参考公式2：

寿险额度＝房贷＋车贷＋其他负债＋孩子教育金缺口＋

赡养父母的费用＋死亡后家庭生活费

公式2原理：寿险额度是家庭责任和家庭负债的总额。

2. 大病保险额度

参考公式：

大病额度＝医院公布的治疗重大疾病的费用（一般最低

建议30万元）＋后期康复费用（一般10万元）＋

5年康复期的收入（年收入×5）

3. 意外险额度

参考公式1：

寿险额度＝年收入×（法定退休年龄－当下年龄）房贷＋

车贷＋孩子教育金缺口＋赡养父母的费用

参考公式2：

寿险额度＝房贷＋车贷＋其他负债＋孩子教育金缺口＋

赡养父母的费用＋死亡后家庭生活费

4. 年金额度

如果购买年金是为了储存教育金，则额度应根据自己给孩子定的教育花销目标反推资金需求，这在教育规划一节中已有介绍。如果购买年金是为了储存养老金，则额度应根据夫妻养老花销目标反推资金需求，这在养老规划一节中已有介绍。

总结：家庭成长期的人士年富力强，身体比较健康，处于家庭建设期，需要养育子女，照顾老人，还背负着房贷、车贷的压力等。因为家庭成长期的人士是收入的主要来源，一旦发生死亡风险，将给整个家庭造成致命打击，所以要配置一定额度的寿险产品。夫妻双方如果收入相仿，都应购买寿险。应根据收入比例分担寿险保额。

尽管家庭成长期人士身体比较健康，但也会面临一定的健康风险。家庭成长期人士如果没有社保，在门诊费和住院费、重大疾病费用方面存在一定的缺口；就算有拥有社保，一旦罹患重大疾病还会有费用缺口。家庭成长期人士无论有无社保都应购买重大疾病保险和医疗保险。健康保险额度不能根据夫妻收入高低计算，应以各方疾病的治疗费用计算。

有些家庭成长期人士经常外出，应该特别注重意外保险的配置。配置一定的保障型产品后可以考虑给孩子购买教育年金保险，还有富余的资金，可以考虑给自己购买养老年金。如果家庭还有富余的资金，在做资产配置时可以考虑放些资金在具有投资属性的保险方面比如分红险等。

三、 退休前期人士的保险规划

退休前期人士的孩子基本都大学毕业，基本的责任已完成，收入也达到顶峰。人生也迈进中年，很多人认为可以潇洒享受人生，但是人无远虑必有近忧，不久我们将迎来退休期的各种风险，必须未雨绸缪，提前准备。

（一）风险分析

1. 未来的健康风险

长命百岁是每个人的梦想，但不争的事实是年迈以后生病的概率会加大。原卫生部数据显示：老年人患病的概率是中青年的 3～4 倍，住院率高 2 倍；老年人患慢性病的概率是 71.4%；未来 15 年，老龄人口的医疗费用负担将比现在增加 26.4%。第四次中国城乡老年人生活状况抽样调查显示，中国失能、半失能老年人已超过 4000 万人，其中重度失能老人占相当比例。同时，相关调研报告还显示，全国 7% 的家庭有需要长期护理的老人，随着中国老龄化的进程加快，这个比例还会提高。中国保险协会发布的《2017 年中国保险业发展年报》显示，2050 年，根据各种对人口、平均工资以及长期护理收费标准的预测估算，我国老年长期护理费用在 7584 亿元～4.15 万亿元之间，费用比较高。目前，实际接受的护理绝大部分由配偶、子女或亲戚提供，但是家庭中有失能老人，会造成"一人失能、全家失衡"的困局。

2. 养老金的风险

人们为了将来有个高品质的养老生活，开始为自己准备养老金，于是投资各种金融工具。因为没有弄清产品的特征和属性就盲目投资，有人甚至因为一则疯狂的广告就去投资。投资风险会使得本来自立、有尊严、高品质的养老生活化为乌有。长命百岁固然好，但是就怕出现人活着、钱没了的情况，所以要建立一个与生命等长的现金流账户，活到哪天，花到哪天。

3. 传承的风险

拥有过多财富可能会导致亲人的更多矛盾。家庭财富不多的时候，继承比较简单；随着社会的发展，大部分的家庭财富不断增加，处于退休前期的人生可以开始筹划财产的传承问题。我们可以提前将自己的财产分配给后代，但是却失去了对财产的掌握权，如果遇到子孙不孝，自己晚年过得会比较悲惨。

（二） 险种配置及额度建议

1. 针对健康风险

针对健康风险，我们建议退休前期人士配备重大疾病保险、长期护理保险（长期护理保险是指人们的身体状况出现问题而需要他人为其日常生活提供帮助时，为那些由此增加的额外费用提供经济保障的一类保险产品）、养老年金保险和终身寿险。

重大疾病保险额度 = 医院公布的治疗重大疾病的费用（一般最低建议 30 万元）＋后期康复费用（一般 20 万元）

长期护理保险额度 = 当地保姆工资 × 20 年（一般来说 60 岁退休后生活的时间大概 20 年）

2. 针对养老

为了应对老年生活对资金的需求，除了缴纳社会养老保险金外，还需要自己准备一些商业养老保险，商业养老可以建立一个与生命等长的现金流。

商业养老保险得到国家政策的大力支持，2018 年财政部等五部委联合发布《关于开展个人税收递延型商业养老保险试点的通知》，5 月 1 日起在上海等地实施个人税收递延型商业养老保险试点。对试点地区个人通过个人商业养老资金账户购买符合规定的商业养老保险产品的支出，允许在一定标准内税前扣除；计入个人商业养老资金账户的投资收益，暂不征收个人所得税；个人领取商业养老金时再征收个人所得税。这个政策的本质是，只要购买了税收递延型商业养老保险的人士就可以享受一定的税收优惠政策。鼓励人们通过购买商业保险为自己准备养老金。

养老保险额度 = 退休后的年消费 × 退休后预期生命年数 – 已备养老金

3. 针对财富传承

退休前期人士需要对未来的财富传承提前安排。首先，要保证财富的安全。其次，要达到传承的意愿。我们建议退休前期人士配置一定的寿险产品。购买了寿险产品，当被保险人死亡时，受益人就会得到保险公司的赔付。在财富传承上，保险赔偿金比企业股权、房地产、知识产权、艺术品等要快捷简单，而且这些是在被保险人死亡时才赔付，投保人在死亡之前都可变更受益人，防止发生提前给付财富，子女不孝的现象。在传承方式上，立遗嘱有一定的优势，但是未来遗产税的出台会增加应税金额，而寿险赔款不计入遗产总额。在财产分配上如果有特别想照顾的人，保险还可以直接利用指定受益人及受益份额的方式解决。

四、 单身期人士的保险规划

单身期人士没有结婚，也没有孩子。单身期最大的风险是自己的生命和健康，以及赡养父母的责任。下面，我们探讨一下单身期人士应该购买哪些险种、购买多少额度和购买保险的技巧。

（一） 尽孝心的人寿保险及意外保险

我国传统文化教育我们百善孝为先。父母辛苦把我们养育成人，孝顺父母天经地义。我们一旦发生风险，将无法尽到照顾父母的责任，所以购买一份保险是对父母的一份保障。单身期的人士收入普遍不高，承担不了太高的保费，那该如何购买保险呢？

单身期人士购买寿险的本质是把离世风险转移给保险公司，换句话说，就是为自己筹集身故后尽孝的钱。在此推荐购买定期寿险及意外保险。定期寿险在传统寿险中保费最便宜。比如一位 30 岁男性，配置保额 30 万元，保障 20 年，每年交保费不到 1000 元。一年不到 1000 元，对单身的小伙伴来说不是问题。意外险在人身保险中的费用最便宜，虽然不如定期寿险保障全面，但年轻人此时身体较好，因疾病死亡的可能性较小，死亡往往是因为意外事件的发生。

建议购买保额的额度 = 父母未来生存的年限 × 父母每年预估的生活费。自己一旦"被上帝请去喝茶"，保险赔偿金就是留给父母的生活费，这笔资金相当于延续自己的生命，可照顾父母到终老。

（二） 自救的重大疾病保险

近年来，水、空气、土壤等环境污染严重，人们的工作压力越来越大，日常饮食中过多摄取高热量、高胆固醇食品，再加上吸烟、饮酒过多等不良习惯，导致重大疾病发生的人群越来越年轻化，尤其是癌症，可谓是谈癌色变。据统计，罹患重大疾病的医疗费动辄几十万元。单身期的人士面对重大疾病带来的高额医疗费该如何处理？让父母再掏腰包，将影响父母的养老生活。转移重大疾病风险，有重大疾病保险，在此推荐一年期消费型的重大疾病保险，保费低廉、保额高。例如，30 岁人士年交保费 600 元，保额可达到 20 万元。根据重大疾病发生时需要的费用，建议配置保额 10 万～50 万元。

（三）小窍门：盘活医保金，巧交保费

现在，单身期人士给自己买保险的想法越来越强烈，可一些人生活费都不够，保费从哪来？我们的社保中包括医疗保险，每个月都会有一部分钱打到医保存折。一般情况下，这部分钱的金额为工资的 3.2%（45 岁以下个人缴纳的 2% 全部划入个人账户，从单位缴纳的 8% 里提出其中的 1.2% 划入医保存折账户，一共是每月工资的 3.2%）。如果工资为每月 1 万元，缴费基数也是 1 万元。医保存折每月就有 320 元左右入账，一年下来有 3840 元。单身期人士可以利用医保卡里的这部分可提取的资金进行规划。例如，单身的李先生今年 29 岁，其父母双亲均为 60 岁（国家统计局数据，2015 年，中国平均预期寿命达到 76.34 岁）；父母生活在陕西老家，社会平均工资为 1680 元（陕人社发〔2017〕13 号文件中，陕西省最低工资标准一类工资区全日制最低工资标准是 1680 元/月）。

李先生应该配置的定期寿险保额＝（76.34－60＋76.34－60）×1680元/月×12月=658828.8元。

经过某保险公司测算，29岁男性购买66万元保额的定期保险，保障期间是21年，交费期间是20年，每年需要交纳保费1650元。经过某保险公司测算，29岁男性，配置1年期的消费型大病，保险保额30万元，每年交费900元。配置定期寿险和大病保险共计花费是2550元，医保卡中可以领取的资金完全可以覆盖这部分花销。这样一来，单身期人士可以让这部分钱充分发挥其"高能货币"的作用，让这部分资金杠杆化，用来购买高保额的尽孝心的人寿保险和自救的大病保险，从而盘活自己医保存折里的资金。

第六节 投资规划

随着最近几十年中国经济的快速发展，百姓获取巨大的红利，家庭财富得到很大的提升，很多人开始尝试各种各样的投资，特别是从余额宝出现以后，伴随着互联网金融的发展，目前几乎进入全民投资的时代。但是在狂热的投资背后，也谱写出普通投资者的一部血泪史，很多人成为资本市场的牺牲品，出现了很多风险事件，债券的违约让刚性兑付渐行渐远，股市的振荡让很多人亏损惨重，P2P的跑路更是让人欲哭无泪，而更多的金融骗局则让投资者防不胜防。为什么会出现如此多悲剧呢？除了我国资本市场发展不够成熟，监管不够完善之外，更多的原因是投资者对投资的认知出现偏差，缺乏正确的投资观念，缺少基本的投资逻辑，缺少科学的投资方法，不了解市场、不了解产品，更不了解自己。一系列的错误最终导致的结果就是辛辛苦苦几十年，一夜回到解放前。

如何才能在投资的道路上少走弯路，规避风险，实现自己的投资目标，最终实现财务自由？我们需要具备正确的投资理念，严谨的投资逻辑，客观的产品分析，合理的产品组合，严格的投资执行，顺势而为的投资战术和成熟稳重的投资心态。

一、 区分投资和投机是做好投资的前提

虽然中国的资本市场已经走过了接近 30 年的历程，目前几乎全民投资，但是大部分投资者依然分不清投资与投机，把投机当成了投资。

投机是典型的零和游戏，本身并不能创造任何价值，比如 4 个人打麻将就是典型的零和游戏，最终有人赢钱，有人输钱，但是赢钱和输钱的总数加起来等于零，没有创造任何价值，只是财富的转移。

投机可以说是"博傻"，就像历史上著名的荷兰郁金香泡沫一样，1933—1937 年荷兰全民疯炒郁金香，仅在 1937 年一年时间，郁金香的价格就暴涨 59 倍。把一个本来没有太大价值的郁金香，通过不断的疯狂炒作，让其价格不断上涨，每个人都乐在其中，最高时候郁金香的价格炒到 6700 荷兰盾。6700 荷兰盾是什么概念？这笔钱足够买下阿姆斯特丹运河边上的一栋豪宅，当时荷兰的人均年收入

仅为 150 荷兰盾，郁金香的价格相当于一个普通荷兰人 45 年的收入。但是最终当郁金香泡沫破灭之后，7 天时间郁金香价格平均下跌超过 90%，很多人亏损非常惨重，甚至导致无数人倾家荡产。

投机本质上是一种心理游戏，不关注投机对象自身的价值，不关注成长性，只关注市场的预期，看是否有人愿意以更高的价格接盘，所以只要你能找到一个更高价格的买主，你就可以赚差价。但实际上往往很多人都没有找到更好的买主，只能亏损卖给其他投机者。这也反映了我国大部分投资者处于亏损状态的原因，因为他们在投机而不是投资。

投资在不同的领域有不同的理解，但一般在经济学上认为投资就是你付出一定的资本，然后通过购买不同类型的资产，付出一定的时间，通过这些资产的不断升值，不断创造新的价值，最终获利的一种行为。

投资更多的是正和游戏，是站在一个长期的角度分析问题，是基于对投资对象自身价值的分析，看未来的成长性和收益性，以低于真实价值的成本买入，然后赚取价值回归，或者价值上升后的增值，是投资对象本身创造了新的价值。比如阿里巴巴现在是全球非常伟大的公司之一，但是在当年阿里巴巴创立不久的时候，大家并没有发现它的投资价值，而软银集团的孙正义通过分析之后，投资阿里巴巴 2000 万美元，随着阿里巴巴不断地发展壮大，孙正义也获得超过 5000 倍的收益。能够获得超过 5000 倍的收益，并不是因为投机，而是基于阿里巴巴各方面的业务发展非常快，公司的盈利能力也得到市场的认可，十几年的时间从一家创业公司发展到市值超过3800亿美元的公司，所以孙正义能够赚到5000倍的收益，本质上是阿里巴巴在不断创造价值。

总结来说，投资的关键在于价值，投机的关键在于对赌；投资是发现价值和创造新的价值，投机是击鼓传花，并没有创造任何价值；投资关注的是长期增长，投机只看短期利益；投资是通过认真研究，是自己非常熟悉的，投机是随机的，自己并不一定了解。正确理解投资，远离投机，是做好投资的入门课。理解投资之后，我们还需要树立正确的投资理念。

二、 正确的投资理念是投资成功的关键

在实际投资过程中，大部分投资者的投资效果往往与期望差距较大，究其主要原因，发现其投资理念都是错误的。大量事实证明，正确的投资理念是投资成功的关键。

（一）价值投资

它是一种基于价值规律而不断追求高成长、低估值并循序渐进、借助股价波动来增加投资收益的投资行为。价值投资者依靠对公司财务表现的基础分析，找出那些市场价格低于其内在价值（公司未来现金流的现值）的股票。

（二）长期投资

全球最伟大的投资者巴菲特说过，"如果你没有准备好持有一只股票至少十年，那么你还是死了这条买股票的心吧。"巴菲特投资一

家公司一般在 10 年以上，甚至超过 30 年。有人说，如果你在 1965年购买巴菲特的基金 1 万美元，那么今天的价值大约超过 6000 万美元，所以投资要追求长期的复利增长。国内同样有一些好的公司值得长期投资，比如腾讯控股自 2004 年 6 月在香港上市以来，股价涨幅超过 300 倍。

（三） 风险和收益的平衡

投资一定要讲究风险和收益的平衡，特别是金融投资，因为任何投资产品一定是高收益对应高风险。比如股票的收益相对较高，但是投资风险也很高，可能导致你亏损；国债的收益相对较低，但基本上没有风险。没有任何投资是高收益无风险的，投资需要你找准一个平衡点，既能满足收益的要求，同时风险也在你能承受的范围内。

（四） 尊重市场

投资一定要尊重市场，要顺势而为，相信市场永远是对的。跟着市场走你才不会犯大错，寻找市场变化的规律，把握市场变化的方向，及时修正自己的投资策略，你才可能获取最大的红利。全球顶级投资大师，无一例外都是尊重市场的，跟着市场投资。尊重市场借用雷军的话，就是"风来了，猪都会飞起来"。投资一定要看准风向，只要站在风口，顺着风向，早晚会飞起来。

（五） 分散投资

就是不要把鸡蛋放在同一个篮子，没有最好的投资产品，只有最好的投资组合。投资要讲究分散投资，做好风险对冲，理论上随着投资产品的不断增加，投资风险就会不断下降，比如你将资产分别投在了股票、债券、房产、黄金和保险等方面，肯定比你单独投资其中任何一种资产都要合理，资产分布更加均衡，既考虑收益又兼顾风险。

我们来看一个案例。小王在北京已经有一套投资房产，现在还有200万元资金可以拿出来投资，那他还要不要继续投资房地产呢，很多人认为要继续投资，因为过去房价一直在涨。但是如果理性地分析一下，就需要看房子未来的收益情况，如果说是学区房，未来有升值或者稳定持续的房租收入，那可以考虑将现有投资房产置换为学区房，如果没有相关的属性，从我们正确的投资理念出发，现在继续投资房产可能就不是好的选择。长期来看北京的房价有可能还会涨，但是已经没有过去那种大涨的可能，也就是投资价值降低，并且现在国家政策也在调整，不是未来重点发展的方向。同时家里已经有一套投资房产，继续投资房产，风险将全部压在房产上，如果房地产市场有所波动，将给家庭带来重大的损失。所以未来的投资一定要理性思考，遵循正确的投资理念。

三、 严谨的投资逻辑是投资成功的基本功

投资逻辑听起来非常抽象，但实际上就是为什么要做这个投资，给投资一个理由，这个理由应该是系统性、通用性甚至是确定性的投资基础，而不是偶然的成功因素。以我国的房地产为例，站在今天回望过去房地产市场走过的路，你会发现，从1998年开始房改，

到 2003 年国务院下发《关于促进房地产市场持续健康发展的通知》（简称 18 号文件），正式明确房地产业是国民经济的支柱产业，正是基于对房地产支柱产业的定位，才出现了此后一系列围绕着房地产而实施的政策，特别是货币政策的配合。每当房地产价格不上涨的时候，央行都会及时推出宽松货币政策，而货币政策的宽松必然使得市场上的资金过剩，而资本市场上本身又缺乏足够多、足够好的资产来承接多余的资金，导致这部分资金不断流入房地产市场，进一步助推了房地产价格的上涨。在所有的产业当中，房地产行业的关联面比较广，关联度比较强，最能拉动 GDP 的增长，显然，把房地产定位为支柱产业不足为奇。正是因为房地产被赋予的使命，使得房地产和 GDP 的增长紧紧捆绑在一起，房地产的不断增长拉高了 GDP 的增长，同时 GDP 的增长反过来也推动了房地产的增长。如果房地产不涨了，GDP 增长必然出现下滑。为了发展 GDP，政府倾向于采取宽松的政策，而宽松的政策必然又会带动房地产的增长，形成了一个循环，不断周而复始。正是基于这样的原因，才造就了房地产行业十几年的辉煌，也让很多先知先觉的投资者在房地产上赚得盆满钵满。房地产本来只是满足老百姓基本生活需求的住所，不应该有太强的投资属性，但是随着政策的高度定位，加上城镇化的快速发展，导致很多的投资因素，甚至投机因素，加剧了房价上涨，也让越来越多的人形成了房价只涨不跌的预期，进一步助推了房价的上涨。当然，对于房地产上涨，除了政策这个核心因素之外，还有人口、土地、货币、市场预期等因素。

房地产有其自身的投资逻辑，其他投资产品也一样，比如股票市场过去的几次大牛市，都伴随着政策的变化，2009 年的牛市就是因为 4 万亿元的救市政策，导致部分资金流入股市，带动整体的牛市。2015 年的牛市，是因为从 2012 年开始的金融创新，导致金融市场异常活跃，各种投融资渠道快速发展，加上市场对改革的预期，各路资金纷纷进入股市，最终造就了"疯牛"。但是当监管风向发生变化，股市开始去杠杆，使得市场轰然崩塌，一路暴跌，最终留下一地鸡毛。政策之外，投资者的不理性也造就了中国股市的暴涨暴跌，本质上是市场的不成熟。而在个股方面，还需要关注行业的因素，行业未来发展的潜力是否足够大，是否符合政策的方向，落实到具体的公司，是否在市场上有独特的竞争力，是否有核心的技术优势，是否有稳定且具有格局的领导团队等。

最近几年资本市场火热的各种固收类产品也是一样的，由于房地产投资起点较高，而股市波动比较大，对债券类产品了解的人又比较少，很多投资者需要投资起点低、相对比较安全的投资产品，固收类产品的出现就满足了这部分投资者的需求。加上过去部分产品刚性兑付的潜规则，使得固收类产品的安全性被放大，从而引起市场的热捧。但是随着行业的野蛮发展，也爆发出了很多问题，比如违约、跑路。对于投资者来说，选择该类产品，基本的逻辑首先需要关注行业监管，任何产品都要研究发行机构是否有相应的资质，产品是否有登记备案，产品的收益来自于哪里，即产品所投资的底层资产到底是什么。如果产品的发行人将资金借给信用级别很低，又没有相应担保的公司，那风险必然会放大；或者产品发行人把资金投资给一家经营状况很糟糕，没有足够现金流入的公司，一样会使得该产品面临很大的风险，所以底层资产是非常重要的。产品的风控同样很重要，如果产品只是一味地追求利润，那么投资必然会比较激进，风险将会加大，如果产品追求的是在安全的前提下获得相应的收益，那么产品的收益可能相对较低，但是安全系数会非常高。其次，产品发行人的管理团队也非常重要。管理团队不同的风格决定了产品不同的方向，也就意味着不同的风险。管理团队如果偏于保守，愿意花费更多时间在产品研发上、在风控上，发行的产品会比较安全点；如果管理团队本身非常激进，愿意花更多时间在产品营销上，那么发行的产品一定也不会太安全。

总结起来，任何投资产品都具有自身的投资逻辑，都需要做到收益性、风险性和流动性的相互均衡。高收益必然伴随着高风险，如果想要获得高收益，那必然需要承担高风险，同时流动性强的产品，收益必然不会太高，所以投资者一定要根据自己的投资目标、资金的性质和资金的期限选择合适的产品，做到收益、风险和流动性的相互协调，遵循严谨的投资逻辑，才能提高投资的正确性，才能让自己在投资的道路上走得更长、更久。

四、 客观的产品分析是理性投资的基本条件

在投资市场上，很多亏损惨重的投资者往往都是因为不理性导致的，由于个人的偏好或者是情绪，导致该买的时候不敢买，等涨

到很高的时候，又盲目追高，在市场发生变化该卖的时候，又不愿意卖，因为自己情绪的波动而人为地放大了市场的波动，最终造成比较大的亏损。所以，理性投资对是否能在投资市场长久赚钱是非常重要的，而要做到理性投资，前提就是客观地分析投资产品。

比如拿金融行业来说，应该相对理性，对产品的认识相对客观，但其实依然有大量的人非常不理性，选择产品更多只是靠自己的喜好，对自己不了解的产品永远拒之门外，那最终导致的结果，就是自己的投资理财行为非常极端，资产都配在单一的产品上。比如我接触过很多炒股票的人，这些人基本上很少买基金，更很少买保险，因为他们总认为自己做股票会赚得更多，而保险没有收益，或者没有高收益，同时他们也反对学习专业的基金知识和保险知识。我接触过的很多保险公司的人更极端，家里能够拿出来的钱基本上全部购买了保险产品，原因就是他们认为只有保险是最安全的，其他的投资都是不安全的，而自己不愿意承担任何风险。其实，在现实生活中不冒险才是最大的风险。为什么这些人如此偏激，选择产品如此任性呢？其根本是过于自大和对未知的过于恐惧，导致的结果就是完全由自己的认知和自己的偏见来判断一个产品，做出不理性的选择，而不能客观地去分析一个产品，最终的结果当然就是产品错配，并不能真正解决自己的问题。

所以客观地分析投资产品，放下自己的执念，对于投资显得非常重要。那如何才能做到客观分析投资产品？首先，要用发展的眼光看待事物，不断让你的思维升级换代。要做到思维的升级换代，就要不断学习，不断了解新的事物。只有你学习的东西更多，你的视野才能更加开阔，格局才能够大，对不同的产品理解得更加透彻，你才能真正地做到理性分析、客观分析，才能找到真正适合自己的产品，解决自己的投资问题。其次，在投资中需要学会放弃感性的东西，即个人的偏好情绪等，重视更加量化的东西，即事实本身数据等。因为数据一般是不会骗人的，有时候眼睛看到的、耳朵听到的也许只是表象，而只有数据反映的才是表象后面的本质，表象有可能是虚假的，但本质不会。最后还需要注意表里如一，不要做思想上的巨人、行动上的矮子，一定要去不断地实践，要身在其中，才能真正去认识和理解一个产品。实践是检验真理的唯一标准，只有不断实践，你才能不断成长，才能越来越专业，让专业成就梦想。

五、 合理的产品组合是实现投资目标的基本要素

在投资界有这样的说法——没有最好的投资产品，只有最好的投资组合。这是投资界的真理所在，合理的产品组合对于投资目标能否实现是非常重要的。对投资市场来说，可能长期来看是有其自身逻辑的，但是短期来看，任何人都说不准，都会有一些偶然性因素，或者不可控因素导致市场的短期波动，而很多人往往是在短期波动的过程中做出了错误的决策，最终导致投资失败。如何规避这些因素带来的影响，唯一能做的就是组合投资。要进行分散投资，不同的产品解决不同的问题。那么到底如何做好产品组合以分散风险，最终实现投资目标，需要从三个维度去考虑。

（一）风险收益

不同的产品有不同的风险、不同的收益，而做投资组合的目的就是降低风险、提高收益，最重要的是提高投资成功的概率，也就是准确性。那如何组合才能实现这个目标？在产品组合的时候，我们需要注意不同产品的属性和功能，要找属性和功能相差比较大的产品组合，才能有效对冲风险。用专业的术语说就是相关系数，任何两个投资产品，如果相关系数为正，则风险和收益会同步放大，并不会降低风险，而如果相关系数为负，则这样的组合能够有效地降低风险。那相关系数到底是什么？简单理解就是两个产品之间的关联度，即关系是否密切，看一个产品上涨或下跌，另一个产品是跟着同步上涨或下跌，还是反方向变化：如果是同步变化，就是正相关；如果是反方向变化，就是负相关。比如股票和债券，一般情况下是负相关，往往股票涨的时候，债券行情可能不是很好，而股票跌的时候，债券行情反而可能好一点。投资组合需要遵循这样的原则，才能保证不管在怎么样的市场环境下都能够获得稳定的收益，实现自己的目标。

当然，不仅仅是投资，目前很多公司也是一样的思路，都在多元化经营，目的也是一样，通过多元化的组合才能对冲不同的市场风险。比如，被资本圈称赞的典型的案例，全球知名的两性健康品牌杜蕾斯收购美国的奶粉巨头美赞臣，形成了理论上的闭环，这就是成功的产品组合。做投资也需要这样的思维，需要这样的产品组合，才能真正战胜市场，实现投资目标。

（二） 时间维度

现实中很多投资者在进行投资选择时，只考虑了当下的市场或者需求，而没有考虑长远的未来，结果构建的组合往往很局限，错失很多机会。而一个成熟的投资者应从时间的维度上去考虑，整体产品组合既要满足短期需求，配置流动性比较强的产品，也要满足中期需求，配置收益比较高的产品，同时还需要满足长期需求，配置安全性比较高的产品。只有长中短的产品组合，才能解决投资者对流动性、收益性、安全性三性协调的问题，也才能真正符合投资者的需求，解决投资者面临的各种投资问题。比如一个简单的产品组合，由存款、货币市场基金解决短期需求问题，由股票、债券等解决中期需求问题，由保险、信托等解决长期需求问题，这样在任何情况下，该组合都可以应对，都不会太偏离最终的理财目标。

（三） 资金分配

既然要进行产品组合，那么必然涉及不同产品到底应该占多大比例的问题，也就是每个产品或者每类产品应分配多少资金。市场上最近几年比较流行的是标准普尔的分配比例，即10%用在流动性资产上，20%用在保障性资产上，30%用在高收益增值投资上，40%用在稳定收益的投资上。但实际的投资组合并没有这么简单，每个投资者的投资组合一定是量身定制的，配置思路可以相通，但是具体配置产品和配置比例一定要根据市场，结合自身实际情况进行分配，同时要根据相关条件的变化进行相应的调整，始终保持尊重市场，满足需求。

六、 严格的投资执行是投资成功的基本保证

任何一个成功的投资者或者成熟的投资者都有严格的投资执行，即投资的纪律性一定非常强，遇到什么指标执行什么决策，类似于程序化交易，不带任何感情，坚决执行毫不犹豫，即使偶尔会错失一些小机会，但是整体上不会犯大错。为什么投资执行非常重要呢？因为现实中很多投资者在市场上错失机会，甚至亏损惨重，都是因为没有严格地执行投资决策造成的。在上涨的过程中因为过于贪婪，最终竹篮打水一场空；在下跌的过程中因为不承认错误，导致亏损越来越严重，直到精神崩溃，草草割肉离场。这些并非骇人听闻，而是身边一个个真实的案例，如果你没有这样的感受，那可能是因为你一直没有进场，一直只是个旁观者。

做投资和谈恋爱是一样的，你没有热恋的时候，你是一个理性的人，能够判断是非，但当你进入热恋以后，你可能失去理性，而进入一种狂热而偏执的状态。做投资也一样，没有进场之前，大家都是理性的，知道什么时候应该买，什么时候应该卖，但是当拿着真金白银进场之后，大部分人都会失去理性，会盲目跟风，盲目买卖。拿股票举个例子，你看好的一只股票现价 10 元，你预计该股票会涨到 12 元，你可以赚到 20%。当买进之后，市场走势跟你预测差不多，价格一直上涨，当股价涨到 11 元多的时候，你就会沾沾自喜，觉着自己的投资天赋还不错，看得挺准的。当股价涨到 12 元的时候，你会获利卖出落袋为安吗？理论上所有人都会，而实际上大

部分不会。当股价涨到 12 元时候，大部分人都会膨胀，觉着该股票还会涨到 13 元，甚至 14 元，而且深信不疑。这时就不会卖出，甚至有人会加仓，结果股票真的在上涨，但是没有涨到 13 元，而是在涨到 12.80 元时开始出现回调，这时你会卖出吗？一般情况下可能不会，你会认为这是上涨过程中正常的调整，调整完成后会有更强的动力上涨。结果跌到 11.50 元，你还会卖出吗？实际上必须卖出，但现实是你依然不会卖出，你会想本来我可以每股赚 2.8 元，现在每股只赚 1.5 元，我才不傻呢，等几天还会涨上去的，这次等到 12.80 元一定卖出。结果市场不会再给你机会，股价一路跌破你的成本价，跌到 9.50 元。你会割肉吗？也许你在买入之前已经想好，如果买进去，买错了跌到 9.50 元，就坚决卖出离场，但实际上你不会，股价真的跌到 9.50 元的时候，一切的计划都忘得一干二净。你已经完全被市场带跑，你会抱着投机的心态，想着不要紧，也许一两天就涨到 10 元，只要到 10 元回本就坚决卖出。结果市场继续下跌，股价一路跌到 8.5 元，跌破了 8 元，你会割肉卖出吗？当然不会，你会觉着自己本来赚了 2.8 元，结果现在亏损 2 元，因此不能卖，总有一天会涨回来的。结果股价继续下跌，一路跌破 7 元、6 元，甚至 5 元，这个时候你已经被套死。你可能除了抱怨，就只能装死，慢慢远离市场。当过了很久你再回来看的时候，你的股票还是在 5 元左右徘徊，这个时候你可能就彻底崩溃，直接手起刀落，割肉离场，并且发誓再也不炒股。但是当身边的诱惑来临的时候，你还是会不由自主地走上老路，继续被市场割肉。看起来好像挺惨的，但其实这就是很多股民正在走的路，进场之前都会有自己的止盈止损计划，但是进场之后随着市场的变化，一切计划都抛到脑后，最终被市场打败。聪明的投资者会在失败的道路上总结经验，甚至从别人失败的道路上总结经验，但是大部分投资者并不聪明，总是自己交学费，并且没有学习到什么经验，最终只能成为资本市场的牺牲品。那如何才能突破这个怪圈，真正让自己赚到钱呢，就是需要严格的投资执行，进场之前要有详细的研究，要有止盈止损计划，当触发止盈止损条件时，坚决执行毫不犹豫。当然，很多人执行起来会很难，这和个人的性格有很大关系，但是如果你想在投资市场上获利，你必须有意识地按照纪律去做，并且不断刻意练习，最终把自己磨炼成投资高手。

七、 顺势而为的战略是投资成功的基本思路

投资非常讲究战略和战术，如果你想小赢，也许你需要重视战术，但是你想大赢，必须重视战略。成功的投资者基本上都是顺势而为的，就像小米科技创始人雷军所说的"风来了，猪都会飞起来"，只有尊重市场的规律，寻找市场发展的规律，提前预判市场的变化，提前布局，等待机会的到来，这样才能获得大的胜利。不能等机会已经来临才匆匆忙忙调整，那样只能获取小利。既然投资要顺势而为，那到底什么是投资市场的趋势？其中最大的趋势无疑是整个经济发展运行的规律。我们都知道，经济始终围绕着繁荣、衰退、萧条和复苏四个阶段运行，作为一个理性的投资者，必须及时

关注整个经济大环境的变化，这样才能顺应经济的发展，获取最大的经济红利，获取大的成就。

具体来说，在不同的阶段，投资者不同的选择，可能导致的结果会有天壤之别。投资周期方面，全球应用比较广泛的是著名的美林时钟理论。美林时钟从经济增长和通货膨胀两个角度总结了投资最理想的选择。

在经济处于衰退阶段的时候，往往经济增长停滞，企业利润下降，资本市场收益率下降。为了挽救经济的发展，政府一般会采取积极的政策，刺激经济发展，央行一般为了配合刺激政策，也会选择降息，预期收益率会进一步下降，所以这个阶段，固收类的债券资产或者债券基金类资产成为市场的最佳选择，而股权类或者大宗商品类投资的表现会比较差。

在经济处于复苏阶段，通过政府的刺激政策，市场开始缓慢复苏，企业的利润开始回升，并且前景看好。这个时候在资本市场，股权类资产会进入快速发展期，因为股市是宏观经济的晴雨表，类似于天气预报，会提前反映未来的经济情况。所以，股票类资产成为最优选择，而大宗商品类的表现相对会弱一些。

在经济处于繁荣阶段，往往会伴随经济过热现象，即物价会快速上涨，政府为了防止通货膨胀，调节经济增长，一般会选择紧缩的货币政策。政策的变化，成本的增加，会导致企业未来的利润下降，不确定性放大，所以这个时候投资大宗商品往往是最好的选择，而固定收益类产品和现金的表现相对较差。

在经济处于萧条阶段，经济增长放缓，甚至出现负增长，企业的利润也出现大幅度下降，甚至很多企业会破产，市场悲观情绪加重，这个阶段持有现金一般是比较理想的选择，而投资高风险的股票往往承担很大的风险。

在宏观环境的影响之下，顺势而为还需要关注行业的变化，一个行业的发展也会有不同的周期，特别是股权类投资，一定要注意投资成长期的行业，而尽量规避一些处于衰退期的行业。判断行业的发展趋势，需要投资者储备一些经济学的基本知识，同时关注并研究国家的产业政策，这样才能做到游刃有余，轻松选择，做好投资。

八、 成熟稳重的投资心态是投资者的核心竞争力

有句经典的广告语——"大道理人人都懂，小情绪却难以自控"，其实这句话真实地反映了投资市场的现状，很多投资者对各种投资产品分析得头头是道，但是现实投资中收益却寥寥无几，甚至出现亏损。并不是他们的分析是错的，而是他们的心态不成熟，分析非常到位，但是执行起来特别容易受市场环境的变化而失去理性，情绪主导了交易，最终出现的结果就是赚了指数赔了钱。比如很多投资者赚了钱之后就会很激动，然后奖励自己一个皮包、一辆车，亏钱之后又很失落，甚至导致夫妻离婚、跳楼自杀等悲剧的发生。为什么这样的事情经常发生呢？其核心还是投资心态不成熟：进场是因为冲动，离场是因为激动，最终的结果只能是被动。

如何培养成熟的投资心态？首先，需要培养自己的耐心，放弃

一夜暴富的想法。做投资和养育孩子是一样的，只有经过长期的陪伴，才能获得好的收获。投资大师巴菲特曾经有句名言：如果一家公司的股票你不想持有 10 年，那么你就没有必要持有 10 分钟了。所以进场之前，就需要做好长线的打算，而不要随意买卖。好的投资一定要经得住诱惑，耐得住寂寞。

其次，要减少自己的买卖次数。很多新进入的投资者都喜欢频繁交易，总觉着每天都有钱赚，感觉挺好的，其实交易次数往往和投资收益成反比，交易越多，收益可能越低。我身边很多做股票的人都喜欢频繁交易，甚至有人每天都会交易，但是最后的结果都不是很好，和自己的预期相差甚远。要减少交易次数，就需要少看消息，少看盘面，如果你每天都有各种各样的消息，每天都不停地看盘，那必然会刺激你不停地交易。成熟的投资者基本都是做完交易后就会远离市场，有意识地屏蔽外围信息，这样才不会受到垃圾信息的干扰，才能真正地按照自己的思路进行投资。

再次，要做好资金管理。做好资金管理就是要控制好自己的贪婪和恐惧。对于普通的投资者，如果你的投资经验不是很丰富，过去的盈利能力一般，那么千万不要借钱去投资高风险的投资产品，更要远离高杠杆的交易，远离各种保证金交易等。如果对市场行情判断不是很清晰，那么尽量远离市场或者轻仓投资，拿一点点资金去测试；如果对市场行情看得非常清晰，可以适当增加自己的仓位；如果市场已经验证自己的判断，并且未来趋势非常明显，则可以考虑重仓。说起来简单做起来难，想要锻炼自己的资金管理能力，可以先从空仓或者清仓开始，有意识地培养自己空仓很长时间，不做如何决策。

最后，需要做好情绪管理。提高自己的情商，管理好自己的心态，做到不管风吹浪打，胜似闲庭信步。只有心态不断成熟，才能真正在市场上赚取大的财富。如何管理自己的心态，需要不断总结反思，定期回顾你的投资，将所有投资进行总结，看看其中有多少是按照计划执行的，多少是出于情绪。只有按计划执行的比例越来越高，你的投资心理才会越来越成熟。同时，还需要不断学习，了解投资心理学、行为心理学等方面的知识，或者学习我国传统的《易经》等方面的书籍，并且不断地在市场上磨炼，才能最终培养成投资高手，实现财务自由。

投资是一种修行，只有经过不断刻意练习、不断总结反思、不断学习提高、不断磨炼修行，才能穿过黑夜看见黎明，成长为一名成熟的投资者。

第七节　税 收 规 划

税收的本质是国家为满足社会公共需要，凭借公共权力，按照法律所规定的标准和程序，参与国民收入分配，强制取得财政收入所形成的一种特殊分配关系。我们每个人都有纳税的义务。但现实生活中，很多人并不了解自己缴了哪些税，如何科学筹划。本节内容将给大家阐述家庭相关的税收规划。

一、 税收的作用

（一） 税收是调控经济运行的重要手段

税收对社会经济需求总量进行调节，以促进经济稳定。国家会根据经济情况变化，制定相应的税收政策来调控经济稳定：在总需求过度引起经济膨胀时，选择紧缩性的税收政策，包括提高税率、增加税种、取消某些税收减免等，扩大征税以减少企业和个人的可支配收入，压缩社会总需求，达到经济稳定的目的；反之，则采取扩张性的税收政策，如降低税率、减少税种、增加某些税收减免等，减少征税以增加企业和个人的可支配收入，刺激社会总需求，达到经济稳定的目的。

（二） 税收是调节收入分配的重要工具

在市场经济条件下，由市场决定的分配机制，不可避免地会拉大个人收入分配上的差距，客观上要求通过税收调节，缩小这种收入差距。通过开征个人所得税、遗产税等，可以适当调节个人间的收入水平，缓解社会分配不公的矛盾，促进经济发展和社会稳定。

通过分析税收政策的变化，我们可以了解未来经济环境的变化，从而做出投资决策。同时我们可以利用税收政策倾向筹划节税，从而增加可支配收入。

二、 税收的特征

（一） 强制性

税收的强制性是指税收是国家以社会管理者的身份，凭借政权力量，依据政治权力，通过颁布法律或政令来进行强制征收。负有纳税义务的社会集团和社会成员，都必须遵守国家强制性的税收法令，在国家税法规定的限度内，纳税人必须依法纳税，否则就要受到法律的制裁，这是税收具有法律地位的体现。

（二）无偿性

税收的无偿性是指通过征税，社会集团和社会成员的一部分收入转归国家所有，国家不向纳税人支付任何报酬或代价。税收的无偿性是与国家凭借政治权力进行收入分配的本质相联系的。

（三）固定性

税收的固定性是指税收是按照国家法令规定的标准征收的，即纳税人、课税对象、税目、税率、计价办法和期限等，都是税收法令预先规定的，有一个比较稳定的试用期间，是一种固定的连续收入。对于税收预先规定的标准，征税和纳税双方都必须共同遵守，不经国家法令修订或调整，征纳双方都不能违背或改变这个固定的比例或数额以及其他制度规定。

三、起征点、免征额和免税的区别

（一）起征点

1. 起征点的定义

起征点是对征税对象征税的起点，即开始征税的最低收入数额界限。规定起征点是为了免除收入较少的纳税人的税收负担，缩小征税面，贯彻税收负担合理的税收政策。

2. 起征点的主要特征

当征税对象未达到起征点时，不用征税；当征税对象达到起征点时，对征税对象全额征税。例如，起征点为5000元，1月收入为4000元，收入未达到起征点，不用缴税；2月收入为7000元，收入达到起征点，7000元收入需全额缴税。

（二）免征额

1. 免征额的定义

免征额又称费用扣除额，是税法规定征税对象中免予征税的数额，即在确定计税依据时，允许从全部收入中扣除的费用限额。无论征税对象的数额大小，免征额的部分都不征税，仅就其余部分征税。规定免征额是为了照顾纳税人的生活、教育等的最低需求。很长一段时期，我国工资薪金的免征额为3500元。自2018年10月1日以后，月度免征额提至5000元，年度免征额为6万元。

2. 免征额的主要特征

当征税对象低于免征额时，不用征税；当征税对象高于免征额时，则从征税对象总额中减去免征额后，对余额部分征税。例如：免征额为5000元，1月收入为2000元，不用缴税；2月收入为6000元，收入超过了免征额，1000元需缴税。

（三）免税

1. 免税的定义

免税是指按照税法规定不征收应纳税额的行为，是对某些纳税人或征税对象给予鼓励、扶持或照顾的特殊规定，是世界各国及各个税种普遍采用的一种税收优惠方式。

2. **免税的分类**

（1）法定免税。法定免税是指在税法中列举的免税条款。这类免税一般由具有税收立法权的决策机关规定，并列入相应税种的税收法律、税收条例和实施细则之中。此类免税条款，免税期限一般较长或无期限，免税内容具有较强的稳定性，一旦列入税法，没有特殊情况，一般不会修改或取消。

（2）特定免税。特定免税是根据政治、经济情况发生变化和贯彻税收政策的需要，对个别、特殊的情况专案规定的免税条款。此类免税一般由税收立法机构授权，由国家或地区行政机构及国家主管税务的部门，在规定的权限范围内做出决定。其免税范围较小，免税期限较短，免税对象具体明确，多数是针对具体的个别纳税人或某些特定的征税对象及具体的经营业务。

（3）临时免税。是对个别纳税人因遭受特殊困难而无力履行纳税义务，或因特殊原因要求减除纳税义务的，对其应履行的纳税义务给予豁免的特殊规定。此类免税一般在税收法律、法规中均只作出原则规定，并不限于哪类行业或者项目。它通常是定期的或一次性的免税，具有不确定性和不可预见性的特征。因此，这类免税与特定免税一样，一般都需要由纳税人提出申请，税务机关在规定的权限内审核批准后，才能享受免税的照顾。

四、 与家庭相关的税种

（一）个人所得税

个人所得税是对个人（自然人）取得的各项应税所得课征的一

种税。其纳税义务人包括中国公民、个体工商户以及在中国有所得的外籍人员和港澳台同胞。

1. 征税范围

（1）工资、薪金所得。是指个人因任职或者受雇而取得的工资、薪金、奖金、年终加薪、劳动分红、津贴、补贴以及与任职或者受雇有关的其他所得。

（2）个体工商户的生产、经营所得。是指：

1）个体工商户从事工业、手工业、建筑业、交通运输业、商业、饮食业、服务业、修理业以及其他行业生产、经营取得的所得。

2）个人经政府有关部门批准，取得执照，从事办学、医疗、咨询以及其他有偿服务活动取得的所得。

3）其他个人从事个体工商业生产、经营取得的所得。

4）上述个体工商户和个人取得的与生产、经营有关的各项应纳税所得。

（3）对企事业单位的承包经营、承租经营所得。是指个人承包经营、承租经营以及转包、转租取得的所得，包括个人按月或者按次取得的工资、薪金性质的所得。

（4）劳务报酬所得。是指个人从事设计、装潢、安装、制图、化验、测试、医疗、法律、会计、咨询、讲学、新闻、广播、翻译、审稿、书画、雕刻、影视、录音、录像、演出、表演、广告、展览、技术服务、介绍服务、经纪服务、代办服务以及其他劳务取得的所得。

（5）稿酬所得。是指个人因其作品以图书、报刊形式出版、发表而取得的所得。

（6）特许权使用费所得。是指个人提供专利权、商标权、著作权、非专利技术以及其他特许权的使用权取得的所得；提供著作权的使用权取得的所得，不包括稿酬所得。

（7）利息、股息、红利所得。是指个人拥有债权、股权而取得的利息、股息、红利所得。

（8）财产租赁所得。是指个人出租建筑物、土地使用权、机器设备、车船以及其他财产取得的所得。

（9）财产转让所得。是指个人转让有价证券、股权、建筑物、土地使用权、机器设备、车船以及其他财产取得的所得。

（10）偶然所得。是指个人得奖、中奖、中彩以及其他偶然性质的所得。

2. 工资薪金所得

根据《个人所得税法》的规定，工资、薪金所得，是指个人因任职或者受雇而取得的工资、薪金、奖金、年终加薪、劳动分红、津贴、补贴以及与任职或者受雇有关的其他所得。

（1）工资薪金所得具有如下特点：取得工资薪金者与用人单位之间通常签订劳动合同；用人单位有具体的规章制度，取得工资薪金者需遵守相关规章制度；工资薪金以工作时长来发放，每月通常以 22 个工作日计，如有请假情况，会相应扣除当日所对应的工资薪金。

（2）工资薪金所得计算方法。

应纳税所得额＝税前收入－免税收入－基本减除费用－

专项扣除费用－专项附加扣除费用－依法确定的其他扣除

1）免税收入。下列各项个人所得，免征个人所得税：

①省级人民政府、国务院部委和中国人民解放军以上单位，以及外国组织、国际组织颁发的科学、教育、技术、文化、卫生、体育、环境保护等方面的奖金。

②国债和国家发行的金融债券利息。

③按照国家统一规定发给的补贴、津贴。

④福利费、抚恤金、救济金。

⑤保险赔款。

⑥军人的转业费、复员费、退役金。

⑦按照国家统一规定发给干部、职工的安家费、退职费、基本养老金或退休费、离休费、离休生活补助费。

⑧依照有关法律规定应予免税的各国驻华使馆、领事馆的外交代表、领事官员和其他人员的所得。

⑨中国政府参加的国际公约、签订的协议中规定免税的所得。

⑩国务院规定的其他免税所得。

其中，第⑩项免税规定由国务院报全国人民代表大会常务委员会备案。

2）基本减除费用。居民个人的综合所得，以每一纳税年度的收入额减除费用6万元以及专项扣除、专项附加扣除和依法确定的其他扣除后的余额，为应纳税所得额。

3）专项扣除费用。包括居民个人按照国家规定的范围和标准缴纳的基本养老保险、基本医疗保险、失业保险等社会保险费和住房公积金等。

4）专项附加扣除费用。包括子女教育、继续教育、大病医疗、住房贷款利息或住房租金、赡养老人等支出，具体范围、标准和实施步骤由国务院确定，并报全国人民代表大会常务委员会备案。

①子女教育。纳税人的子女接受全日制学历教育的相关支出，按照每个子女每月1000元的标准定额扣除。学历教育包括义务教育（小学、初中教育）、高中阶段教育（普通高中、中等职业、技工教育）、高等教育（大学专科、大学本科、硕士研究生、博士研究生教育）。

年满3岁至小学入学前处于学前教育阶段的子女，按上述规定执行。父母可以选择由其中一方按扣除标准的100%扣除，也可以选择由双方分别按扣除标准的50%扣除，具体扣除方式在一个纳税年度内不能变更。纳税人子女在中国境外接受教育的，纳税人应当留存境外学校录取通知书、留学签证等相关教育的证明资料备查。

②继续教育。纳税人在中国境内接受学历（学位）继续教育的支出，在学历（学位）教育期间按照每月400元定额扣除。同一学历（学位）继续教育的扣除期限不能超过48个月。纳税人接受技能人员职业资格继续教育、专业技术人员职业资格继续教育的支出，

在取得相关证书的当年，按照3600元定额扣除。个人接受本科及以下学历（学位）继续教育，符合本办法规定扣除条件的，可以选择由其父母扣除，也可以选择由本人扣除。纳税人接受技能人员职业资格继续教育、专业技术人员职业资格继续教育的，应当留存相关证书等资料备查。

③大病医疗。在一个纳税年度内，纳税人发生的与基本医保相关的医药费用支出，扣除医保报销后个人负担（指医保目录范围内的自付部分）累计超过15000元的部分，由纳税人在办理年度汇算清缴时，在80000元限额内据实扣除。纳税人发生的医药费用支出可以选择由本人或其配偶扣除；未成年子女发生的医药费用支出可以选择由其父母一方扣除。纳税人应当留存医药服务收费及医保报销相关票据原件（或者复印件）等资料备查。医疗保障部门应当向患者提供在医疗保障信息系统记录的本人年度医药费用信息查询服务。

④住房贷款利息。纳税人本人及配偶单独或共同使用商业银行、住房公积金个人住房贷款为本人或其配偶购买中国境内住房，发生的首套住房贷款利息支出，在实际发生贷款利息的年度，按照每月1000元的标准定额扣除，扣除期限最长不超过240个月。纳税人只能享受一次首套住房贷款的利息扣除。

这里的首套住房贷款是指购买住房享受首套住房贷款利率的住房贷款。经夫妻双方约定，可以选择由其中一方扣除，具体扣除方式在一个纳税年度内不能变更。夫妻双方婚前分别购买住房发生的首套住房贷款，其贷款利息支出，婚后可以选择其中一套购买的住房，由购买方按扣除标准的100%扣除，也可以由夫妻双方对各自购买的住房分别按扣除标准的50%扣除，具体扣除方式在一个纳税年度内不能变更。纳税人应当留存住房贷款合同、贷款还款支出凭证备查。

⑤住房租金。纳税人在主要工作城市没有自有住房而发生的住房租金支出，可以按照以下标准定额扣除：

a）直辖市、省会（首府）城市、计划单列市以及国务院确定的其他城市，扣除标准为每月1500元。

b）除a）所列城市以外，市辖区户籍人口超过100万的城市，扣除标准为每月1100元；市辖区户籍人口不超过100万的城市，扣除标准为每月800元。

纳税人的配偶在纳税人的主要工作城市有自有住房的，视同纳税人在主要工作城市有自有住房。市辖区户籍人口，以国家统计局公布的数据为准。

这里的主要工作城市是指纳税人任职受雇的直辖市、计划单列市、副省级城市、地级市（地区、州、盟）全部行政区域范围；纳税人无任职受雇单位的，为受理其综合所得汇算清缴的税务机关所在城市。夫妻双方主要工作城市相同的，只能由一方扣除住房租金支出。住房租金支出由签订租赁住房合同的承租人扣除。纳税人及其配偶在一个纳税年度内不能同时分别享受住房贷款利息和住房租金专项附加扣除。纳税人应当留存住房租赁合同、协议等有关资料备查。

⑥赡养老人。纳税人赡养一位及以上被赡养人的赡养支出，统一按照以下标准定额扣除：

a）纳税人为独生子女的，按照每月2000元的标准定额扣除。

b）纳税人为非独生子女的，由其与兄弟姐妹分摊每月2000元的扣除额度，每人分摊的额度不能超过每月1000元。可以由赡养人均摊或约定分摊，也可以由被赡养人指定分摊。约定或指定分摊的须签订书面分摊协议，指定分摊优先于约定分摊。具体分摊方式和额度在一个纳税年度内不能变更。

这里的被赡养人是指年满60岁的父母，以及子女均已去世的年满60岁的祖父母、外祖父母。

5）依法确定的其他扣除。包括个人缴付符合国家规定的企业年金、职业年金，个人购买符合国家规定的商业健康保险、税收递延型商业养老保险的支出，以及国务院规定可以扣除的其他项目。

把应纳税所得额代入工资薪金7级税率表（见表4-1），查找对应的税率和速算扣除数。

应纳税额＝应纳税所得额×税率－速算扣除数

表4-1 个人所得税税率表（工资、薪金适用）

级数	应纳税所得额	税率（%）	速算扣除数/元
1	≤3000元	3	0
2	3000～12000元（含）	10	210
3	12000～25000元（含）	20	1410
4	25000～35000元（含）	25	2660

（续）

级数	应纳税所得额	税率（%）	速算扣除数/元
5	35000~55000 元（含）	30	4410
6	55000~80000 元（含）	35	7160
7	≥80000.01	45	15160

【例】 李先生一月取得税前工资 10000 元，缴纳三险一金 1000 元，各项专项附加扣除为 2000 元，则一月李先生需缴纳多少元个人所得税？

第一步，应纳税所得额 = 10000 − 5000 − 1000 − 2000 = 2000（元）。

第二步，查 7 级税率表可得，税率为 10%，速算扣除数为 210 元。

第三步，计算应纳税额 = 2000 × 3% = 60（元）。

（3）年终奖计算。纳税义务人取得全年一次性奖金，单独作为一个月工资薪金所得计算纳税。计算步骤如下：第一步，年终奖÷12 = 结果；第二步，用"结果"查 7 级税率表，找到税率、速算扣除数；第三步，年终奖×税率−速算扣除数。

【例】 李先生 2017 年取得年终奖 18000 元，则需缴纳多少元个人所得税？

第一步，18000÷12 = 1500（元）。

第二步，用 1500 元查 7 级税率表，找到税率为 3%、速算扣除数为 0 元。

第三步，计算 18000 × 3% − 0 = 540（元）。

（4）工资薪金所得筹划。具体案例如下。

【例】　假设刘先生2019年每月取得税前工资19000元，缴纳三险一金1500元，减去5000元免征额，应纳税所得额是12500元，对应税率20%，速算扣除数1410元。经过计算，每月应缴纳1090元个人所得税，全年共缴纳13080元。刘先生有没有税收筹划方法可以合理合法地节税？

第一步，2019年刘先生全年的应纳税所得额 ＝（19000 － 1500 － 5000）× 12 ＝ 150000（元）。

第二步，把全年应纳税所得额150000元平均分配到工资和年终奖。

工资全年应纳税所得额 ＝ 150000 ÷ 2 ＝ 75000（元）。

年终奖应纳税所得额 ＝ 150000 ÷ 2 ＝ 75000（元）。

第三步，工资每月应纳税所得额 ＝ 75000 ÷ 12 ＝ 6250（元）。

年终奖1/12的结果 ＝ 75000 ÷ 12 ＝ 6250（元）。

第四步，查7级税率表，工资每月应纳税所得额对应的税率为10%。

年终奖1/12的结果对应的税率为10%。全年纳税总额12270元，比13080元节省810元。

第五步，还可以降低年终奖的税率为3%，对应的"年终奖1/12的结果"降低为3000元，则每月工资的应纳税所得额上升为9960元，对应的税率仍为10%，此时全年应纳税额是9960元，比13080元节省3120元。

3. 劳务报酬所得

（1）劳务报酬所得特点如下：取得劳务报酬者与用人单位之间

一般都是签订劳务合同的；用人单位的规章制度对取得劳动报酬者没有约束性，取得劳务报酬者只需在劳务合同规定的时限内完成工作即可，工作时间更自由；劳务报酬以工作事项完成度来发放，如工作在规定时限内没完成即需按劳务合同所规定的条款赔偿。

（2）劳务报酬所得计算方法。

第一步，求应纳税所得额。分为以下两种情况：一是每次税前收入不超过4000元，扣除费用800元，即应纳税所得额＝（每次收入额－800）。二是每次税前收入超过4000元的，扣除费用20%，即应纳税所得额＝每次收入额×（1－20%）。

第二步，把应纳税所得额代入劳务报酬3级税率表（见表4-2），查找对应的税率和速算扣除数。

第三步，计算。应纳税额＝应纳税所得额×税率－速算扣除数

表4-2 个人所得税税率表（劳务报酬所得适用）

级数	每次应纳税所得额	税率（%）	速算扣除数/元
1	不超过2万元的部分	20	0
2	超过2万元至5万元的部分	30	2000
3	超过5万元的部分	40	7000

【例】 李先生一月取得劳务报酬20000元，则一月李先生需缴纳多少元个人所得税？

第一步，确定税前收入超过4000元，扣除费用20%。

应纳税所得额＝20000×（1－20%）＝16000（元）。

第二步，查3级税率表可得，税率为20%，速算扣除数为0元。

第三步，计算应纳税额 = $16000 \times 20\% - 0 = 3200$（元）。

（3）劳务报酬所得筹划。

【例】　石女生 2018 年 3 月和某公司签订一份劳务合同，取得劳务报酬 5 万元，需缴纳 1 万元个人所得税。石女士希望通过合理税收筹划方法节税。

第一步，计算石女士取得劳务报酬的应纳税所得额。

应纳税所得额 = $50000 \times (1 - 20\%) = 40000$ 元，对应税率为 30%。

筹划前应纳税额 = $40000 \times 30\% - 2000 = 10000$（元）。

第二步，石女士把应纳税所得额平均分为两份，每份应纳税所得额为 20000 元，使税率降低为 20%。

第三步，每份应纳税额 = $20000 \times 20\% = 4000$（元）。

筹划后应纳税额 = $4000 \times 2 = 8000$（元），相比筹划前节税 2000 元。

第四步，石女士需和某公司签订两份劳务合同，每份税前报酬 25000 元，其中一份 3 月发放，另一方 4 月发放。

第八节　传承规划

一、传承财富需求凸显

改革开放 40 年后的今天，我们的社会经历了个人财富爆炸式增长，每个家庭都积累了大量的财富，而这些财富已经远远超过了我们对生活的基本需求。这时候，我们自然而然地会遇到两个问题：如何保护住自己辛苦赚来的财富，以及如何把财富传递给我们的下一代。

中国自古就有"五福临门"的说法："一曰寿、二曰富、三曰康宁、四曰攸好德、五曰考终命"。这最后一福"考终命"是指人在临终时身体没有病痛，心里没有牵挂和担忧，安详地离开人世。我们都希望自己离开以后，家里老有所依、幼有所养，家人和和睦睦、相亲相爱，这是每个人的愿望。但是在大量案例和调研中发现，大多数人都会把这种期望放在心底，不会去谈论"传承"、安排"传承"。老年人忌讳它，年轻人忽视它。大部分人认为，当人真的不在了，财产自然留给自己的家人，有法可依，不用担心。但"财富传承"真的这么简单吗？什么都不安排和事先有合理安排的区别能有多大呢？

让我们用两则典型案例来对比一下：

案例1

侯耀文遗产案

2007年6月，相声大师侯耀文在北京玫瑰园家中逝世。侯耀文作为一位艺术家对艺术严谨，但生活中却很"洒脱"，生前从未对自己的后事做过安排，也没有留下任何遗嘱。这个疏忽在他身后引发了一起轰动全国的遗产风波。

侯耀文生前有两段婚姻，两个女儿都不和他生活在一起。平时来往比较密切的是他的兄长侯耀华和两个徒弟。当侯耀文去世后，按照民间传统习惯，后事由兄长出面料理，但两个女儿认为大伯父侵占了父亲的遗产，遂向法院提起诉讼。

大女儿指出，大伯父侯耀华在父亲去世后第一时间赶到玫瑰园主持料理后事，并实际控制了所有遗产和证件。父亲去世已有 2 年时间，大伯父从来没有主动提出请两姐妹清点、封存遗产，没有将剩余的遗产分给两姐妹的意思。

侯耀华则坚称自己对得起良心。他指出两位侄女没有孝顺父亲，长期不关心侯耀文，而且侯耀文生前只是表面风光，经历了两次离婚，生活并不宽裕，存款已大部分用于偿还玫瑰园别墅的贷款，墓地丧礼的费用都是由自己垫付的。

此案纷纷扰扰历时三年多，因各方意见不同，导致侯耀文的骨灰一直无法安葬，最后在法院的大力调解下才得以解决，但各方对调解结果均保持缄默。

在此案中我们发现，家庭矛盾激化、亲情被撕裂，这样的结果一定违背了侯耀文先生的意愿。

戴安娜王妃遗产案

这则案例，因为传承者的提前安排出现了截然不同的结果。

1997 年被誉为"英格兰玫瑰"的戴安娜王妃因车祸去世，举世震惊。这是非常不幸的事情，但万幸的是她早早做了传承安排，使自己的意愿得以实现。

戴安娜王妃在 32 岁就立下了遗嘱。在遗嘱中，她要求在自己去世后，把遗产交给信托组织管理，她的两个儿子在 25 岁前可以支配遗产收益；满 30 岁后，可以支配遗产本金。除此之外，她还在遗嘱中增加了一封"愿望信"，表示要把自己的珠宝平分给两个未来的儿媳，让她们在特定的场合佩戴。

2018 年 5 月 19 日，哈里王子和梅根·马克尔在温莎城堡举行了举世瞩目的盛大婚礼。梅根王妃的婚戒非常特别，是哈里王子参与设计的。主钻来自非洲的博茨瓦纳，这里是两人的定情之地，也是著名的钻石产区之一。在这枚枕形切割的钻石两侧分别镶嵌了一枚圆形美钻——这两颗钻石来自戴妃生前珍爱的胸针，镶嵌在主钻周围，如同来自戴妃的温柔守护。2011 年 4 月 29 日，在威廉王子的婚礼上，凯特王妃佩戴的璀璨珠宝也来自戴安娜王妃的收藏。戴安娜王妃虽然逝去，但她给自己孩子的祝福却没有缺席。她以这种特殊的方式见证了自己孩子的幸福时刻，并且把这种爱传承下去。

通过这两则案例的对比我们发现："考终命"需要正确和理智的安排。"传承"是我们人生中重要的一步，也是家庭理财规划中需要重视的一环，只有通过科学的安排，我们才能做到家财永续。

二、 财富传承的四维影响因素

财富有效、有序传承主要受四大维度的影响：人、财产、工具、环境。我们来看看 2016 年发生在杭州女孩小丽身上的案例。

小丽是独生女儿，父亲 10 年前去世，母亲 2015 年过世。父母亲生前在杭州留下一套 127 平方米的房子，价值约 300 万元。房产原先登记在父亲名下，父亲去世时小丽还未成家，因此没去办理手续。现在母亲已经去世，小丽也已成家，女儿 2 周岁，再过一年就上幼儿园了。因为父母留下的房子是学区房，小丽就想把房屋过户到自己名下，然后把户口迁进去。

小丽拿着房产证和父母的死亡证明到了房管局要求过户。房管局却说，仅凭这些东西没法给小丽办过户手续，小丽要么提供公证处出具的继承公证书，要么拿法院的判决书来办理，他们才给办。小丽没办法，也并不愿意打官司，就马上去了公证处。

"公证处的人说让我把我爸妈的亲戚全部找到，带到公证处去才给办公证。可我爸妈的亲戚全国各地都有，有的都出国了，我到哪去找他们？"小丽急得要哭出来了。

这是非常典型的一个案例——没有狗血剧情，没有复杂纠纷，但作为独生女的小丽，却无法顺利获取父母去世后留下的房产。

这是为什么呢？听听律师怎么说！

律师：小丽，你是独生女？

小丽：是的，我爸妈就我一个女儿。（核心家庭关系很简单）

律师：你父母哪一年结婚的？

小丽：好像是 1983 年。

律师：房子是什么时候买的？

小丽：2003 年。

律师：房产登记是什么时间？

小丽：2004 年 11 月。

律师：房产登记在谁的名下？

小丽：我爸爸一个人名下。

律师：你爸爸什么时候过世的？

小丽：是 10 年前过世的，应该是 2006 年年底吧。

律师：你爸和你妈过世时有没有留下遗嘱？

小丽：我爸没有，我妈生前跟我口头说过，她走后这套房子归我。（口说无凭啊，等于没有）

律师：你爸爸过世时，你爷爷奶奶是否还健在？（这个问题是关键，如果已经过世，事情就好办多了）

小丽：我爸爸过世时我爷爷已经去世，我奶奶还在，我奶奶是我爸爸过世后不到一年过世的。

律师：那你爸爸有兄弟姐妹几个？

小丽：我爸爸有四个兄弟姐妹。（咱父母辈的兄弟姐妹四个不算多）

律师：那你把你爸爸的兄弟姐妹的家庭情况，包括在不在世、婚姻情况、子女情况跟我一个一个说一下。

小丽：我爸爸在家排行老三，大伯在我爸过世时已经过世，我大伯母还在。大伯大伯母有 3 个孩子，2 个在上海，1 个出国了。二伯还在，不过 2008 离婚了，二伯母后来在贵州再婚了。二伯二伯母有 2 个孩子，1 个在杭州，1 个在北京。我小姑姑和小姑父在黑龙江，有一个女儿。我爸爸和爷爷奶奶过世后，就没怎么走动，姑姑姑父家的具体情况我不太清楚。

律师：你妈妈在你爸爸过世后没再成家吧？

小丽：没有，我妈一直跟我一起生活。

律师：你妈过世时，你外公外婆是否还健在？

小丽：都过世了。

律师：经过计算，这套房子你继承7/8的份额。这套房子，要由你一个人继承，除非其他有继承权的人到公证处或者法院明确表示放弃。

小丽继承房子的 7/8 份额是怎么计算出来的？我们一步一步来梳理。小丽的亲属关系见图 4-1，小丽主要亲属的去世时间见表 4-3。

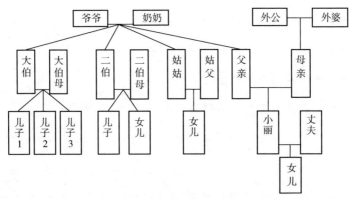

图 4-1　小丽亲属关系图

表 4-3　小丽主要亲属去世时间表

去世时间	小丽亲人
2000 年之前	外公、外婆
2001 年	爷爷
2006 年之前	大伯、大伯母
2006 年	爸爸
2007 年	奶奶
2015 年	母亲

2006 年小丽的父亲去世，2015 年母亲去世，父母都没有留下遗嘱，遗产就要按照法定继承处理。第一步要厘清小丽要继承的遗产是什么，第二步要厘清遗产的继承人有哪些。小丽的家庭接连发生多次继承，确定每位继承人的具体继承份额需要详细梳理。

小丽父母留下的房产是他们在婚后购买的，虽然登记在父亲一个人的名下，但是属于夫妻共同财产。夫妻共同财产在两种情况下需要分割：离婚时和一方去世时。2006 年，小丽的父亲去世，这套房产一份为二，1/2 是父亲的遗产，1/2 是母亲的个人财产。父亲没有留下遗嘱，遗产按照法定继承处理。

《中华人民共和国继承法》（以下简称《继承法》）规定了法定继承人的范围。第一顺序继承人的范围是配偶、子女、父母；第二顺序继承人是兄弟姐妹、祖父母、外祖父母。继承开始后，由第一顺序继承人继承，第二顺序继承人不继承。没有第一顺序继承人继承的，由第二顺序继承人继承。父亲的第一顺序继承人是配偶、子女、父母，即小丽的母亲（2015 年去世，2006 年父亲去世时还在世）、小丽、奶奶（2007 奶奶去世，2006 年父亲去世时还在世）。法定继承中同一顺序继承人继承遗产的份额一般应当均等，所以父亲的遗产在 3 个继承人之间平分，每人分得房屋的 1/6 份额。

父亲的遗产继承结束后，这套房子的产权结构是：母亲占有 1/2 + 1/6 = 2/3 份额，小丽占有 1/6 份额，奶奶占有 1/6 份额。见图 4-2。

2007 年奶奶过世，奶奶继承的 1/6 房产成为奶奶的遗产，奶奶也没有留下遗嘱，遗产仍然按照法定继承分配。奶奶的第一顺序法

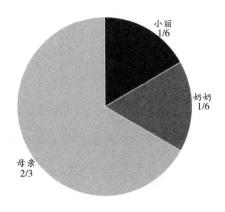

图 4-2　奶奶过世前小丽的房产份额

定继承人中配偶、父母都没有了，只有子女 4 人。奶奶的遗产在 4 个子女之间平分，1/6 房产份额分成 4 份，每份是 1/24 份额。

有人可能会提出疑问：2007 年奶奶去世时，小丽的父亲和小丽的大伯当时已经去世了，他们还能继承遗产吗？

《继承法》第十一条规定了"代位继承"制度，被继承人的子女先于被继承人死亡的，由被继承人的子女的晚辈直系血亲代位继承。代位继承人一般只能继承他的父亲或者母亲有权继承的遗产份额。

小丽的父亲和大伯先于奶奶（被继承人）去世，小丽是父亲的晚辈直系血亲，大伯的 3 个儿子是大伯的晚辈直系血亲，小丽代为继承父亲应继承的份额（1/24 份额），大伯的儿子们代位继承大伯应继承的份额（1/24 份额）。大伯的份额又在 3 个堂兄之间平分，每位堂兄继承 1/72 房产份额。

再来看小丽的二伯。二伯在奶奶去世的第二年离婚了，二伯母后来改嫁到了贵州，那么二伯从奶奶这里继承的 1/24 房产份额二伯母有没有份？有，为什么？

奶奶过世的时候，二伯二伯母还没有离婚，二伯可以继承的这 1/24 份额是他的个人财产还是夫妻共同财产呢？《中华人民共和国婚姻法》（以下简称《婚姻法》）第十七条规定，婚姻存续期间继承获得的财产归夫妻共同所有。二伯二伯母离婚的时候奶奶的遗产还没有分割，1/24 房产份额属于两人的夫妻共同财产，即使离婚后二伯母再婚，她也有权利分割离婚当时没有分割给她的夫妻共同财产。所以二伯继承的 1/24 份额要分成两份，二伯和二伯母各 1/48 份额。

小丽的姑姑已经远嫁到黑龙江了。姑父有没有继承权？如果有，有多少？小姑没有离婚，所以她跟二伯、二伯母不一样。小姑继承的这 1/24 份额是她与姑父的夫妻共同财产，夫妻共同享有。

奶奶的遗产继承结束后，这套房产的产权结构是：母亲占有 1/2 + 1/6 = 2/3 份额，小丽占有 1/6 + 1/24 = 5/24 份额，二伯占有 1/48 份额，二伯母占有 1/48 份额，姑姑和姑父共有 1/24 份额，大伯的 3 个儿子分别占有 1/72 份额。见图 4-3。

2015 年，小丽的母亲去世，也没有留下遗嘱，母亲的遗产按照法定继承分配。母亲的遗产是 2/3 房产份额，小丽的外公外婆早已过世，母亲的第一顺序法定继承人只有小丽一个人，2/3 份额全部由小丽继承。小丽最终占有房产的份额是 2/3 + 5/24 = 7/8 份额。

小丽母亲的遗产继承结束后，这套房产的产权结构是：小丽占有 7/8 份额，二伯占有 1/48 份额，二伯母占有 1/48 份额，姑姑和

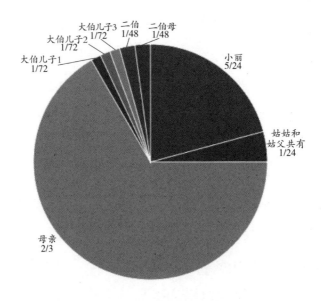

图 4-3 奶奶过世后小丽的房产份额

姑父共有 1/24 份额，大伯的 3 个儿子分别占有 1/72 份额。见图 4-4。

现在小丽为了女儿上学，想要把这套房子 100% 地过户到自己的名下，她应该怎么办呢？应该把她的三个堂哥、二伯、二伯母、小姑姑、小姑父请到公证机关来，请他们当着公证员写一个放弃继承的声明书。问题来了：贵州的二伯母联系不上，大伯早就走了，两家人根本没什么来往，美国的堂兄在哪里都不知道。起诉到法院去，也需要有明确的被告。继承权公证和继承诉讼两条路都走不通。公证处的公证员也想不出好的办法，告诉小丽，你还是想办法找吧，当然这个房子你是可以住在那里的，只不过你不能过户，当然你更不能变卖，你什么时候找到他们到我们这里办了手续，我什么时候

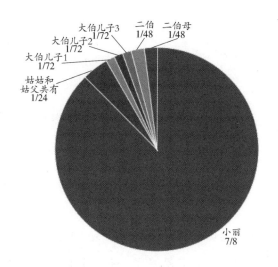

图4-4　母亲过世后小丽的房产份额

帮你去办理过户。

这套房子300多万元，小丽和她的先生只是普通的工薪阶层，他们算了一下，不吃不喝也要攒上个十几年才会有300多万元，所以她并不想轻易放弃。小丽不得不踏上了漫漫的寻亲之路。

独生子女家庭的法定继承陷入困境，你可能会说如果小丽的父母生前写下遗嘱，说明我所有的财产都留给小丽，这样就可以了吧。不！有遗嘱不代表一劳永逸，父母留有遗嘱还需要厘清4个问题：

第一个问题：这份遗嘱合法有效吗？

继承法规定了5种遗嘱形式：公证遗嘱、自书遗嘱、代书遗嘱、录音遗嘱、口头遗嘱。每种遗嘱形式都有严格的要求，比如自书遗嘱需要亲笔书写，代书遗嘱需要2个以上的见证人现场见证。如果父母留下的遗嘱不符合法法律的规定，遗嘱可能被法院认定无效，那就又回到法定继承。5 种遗嘱中公证遗嘱的效力是最高的，设立公证遗嘱可以有效减少纠纷。

第二个问题：这份遗嘱到底是不是真实的？

立遗嘱人在立遗嘱时精神状态健康吗？有没有可能是伪造的遗嘱？遗嘱是分配个人财产的重要文件，必须是当事人真实的心愿，欺诈、胁迫所立的遗嘱无效，伪造的遗嘱无效，篡改的遗嘱被篡改的部分无效。

第三个问题：这份遗嘱具有唯一性吗？具有排他性吗？

小丽的父母可能立有多份遗嘱，所以小丽拿着遗嘱到公证处办理继承权手续的时候，公证处还要调查这是不是唯一的遗嘱，是不是真实的遗嘱，如果是，那就要询问所有法定继承人愿不愿意按照这份遗嘱的内容履行。只要有一个人不同意，公证员就会停止办理继承公证，告知小丽需要到人民法院去诉讼解决。诉讼时，法官经过审理认定小丽持有的遗嘱真实、有效，小丽才能持法院生效判决书办理继承过户。

小丽的案例存在一个传统传承思维的弊病：我们通常在一方老人过世，另外一方老人还在世的时候不会跟还在世的老人讨论继承遗产的问题——父亲走了，母亲还在世，该如何谈要把父亲这一份遗产分割掉呢。小丽的案例就是这样。父亲 2006 年去世了，马上跟母亲说我要分父亲的遗产，别人会认为小丽大逆不道。

法律思维是怎样的呢？父亲过世后，母亲、小丽、奶奶可以召集一个家庭会议，协商奶奶放弃 1/6 的继承权，配合着把房产证上的名字变更为小丽，或小丽与母亲两个人，这样在奶奶去世后，房产继承就不会涉及众多亲属。如果奶奶不愿意放弃继承份额，可以司法评估房子的价值，计算出奶奶 1/6 份额的价值，由小丽和母亲补偿相应的资金给奶奶。这才是法律思维的解决办法。

独生子女传承中还面临一个问题，就是未成年的独生子女在父母都过世时由谁帮助他们继承遗产、保管遗产、合理使用遗产。根据《中华人民共和国民法通则》第十六条，如果父母都过世了，有监护能力的祖父母和外祖父母担任监护人。那么到底是祖父母还是外祖父母呢？到时候可能又会产生一场新的争议。在这种情况下，父母尽可能地先写一份遗嘱，指定未来这个孩子由外公外婆监护还是爷爷奶奶来监护。如果担心爷爷奶奶、外公外婆年迈不能保障孩子的利益，还可以考虑通过保险、信托等法律、金融相结合的工具和制度来构建保障。

小丽的案例揭示出财富传承的几个因素。

（一）第一个影响因素是人，也就是传承给谁

家庭财富与家人、家事相生相克：家人创造财富，家财解决家事，家事损害家财，家财败坏家人，家人挥霍家财。财富的保全传承与自身的婚姻、子女的出生、子女的婚姻、婚外子女、家庭成员变化、国籍身份变化等人身关系息息相关。财富要为最爱的家人提供长久的生活和发展的保障，家业要稳妥接班、基业长青，这都要看辛苦创造的财富最终由谁继承。被动等待这些美好的结果自然而然地发生是不现实的，按照自己的心愿主动选择财富传承的人选是

第一步。

（二）第二个影响因素是财产，也就是传承什么

小丽的案例中只关注了房产一种财产的继承，就引发了层层叠叠的问题，随着经济的发展，家庭财产的体量在日渐增加，财产类型也越来越丰富。最普通的家庭就有存款、房产、车辆、生活用品等常规财产，根据风险承受能力和投资经验的不同还会有股票、债券、基金、P2P、信托、私募股权等种类多元的金融投资资产，越来越普及的互联网金融让资金分散在多个平台的多个账户，创业者以个体户、个人独资企业、合伙企业、公司等形式创造和持有财富，家庭财产中著作权、专利权等知识产权也在日渐增多。财富传承需要关注财产的种类、财产的价值、财产的地域、财产的产权信息。传承的财富是实物、金融资产还是无形资产，价值如何评估，在国内还是海外，存放在什么账户，产权证书在哪里，这些财富属性的多元发展对财富传承提出了专业的要求，普普通通的中国家庭已经很仅难靠传统手段就圆满地实现传承了。

相声大师侯耀文一生给观众带来无限快乐，但自己走得一点也不快乐。2007 年侯耀文去世后，他的家人为了遗产打起了官司。侯耀文的两个女儿在侯耀文去世几个月之后，向法院提出诉讼，起诉大伯侯耀华侵吞了父亲的遗产。让人大跌眼镜的是，两个女儿竟然互为被告在法院打起了另一个遗产诉讼。原来，侯瓒和妞妞要想侯耀华返还侵吞的父亲的财产，首先需要向法院说明侯耀华侵吞了自己父亲的哪些财产。对此，两个女儿和她们的代理人都回答不上来。

因为两人都不在父亲身边生活，别说大伯侵吞了哪些财产他们答不上来，连父亲究竟有多少财产她们都无从知晓。她们需要通过这样一个诉讼，请求法院对侯耀文的遗产进行调查。

法院系统现在与银行、证券交易所、房产管理部门、车辆管理部门等建立了信息共享网络，但是还没有便捷到一键就能查清一个人名下的所有财产。法院的态度很简单：申请法院调查的时候，写明申请法院去哪些银行调查，提供相应的账号信息。可问题是，侯耀文的女儿不知道侯耀文把钱存在哪家银行。因此，查询侯耀文的遗产下落成了一件旷日持久的事情。

人生会面临很多来不及，为了避免像侯耀文一样，发生财产无法被找到的后果，定期盘点自己的重要财产，建立一份自己的重要财产清单至关重要。不同种类的财产在传承中的分割方式、传承手续、传承流程截然不同。现金可以进行实物分割；房产无法实物分割，一般会作价补偿或变价分割，需要办理房产过户手续；股票、债券、理财产品等可以按照数量分割，也可以变现后分割资金，同样需要办理过户手续；企业股权的继承不仅仅是财产的继承，更是经营管理权力、人脉资源的交接，需要按照公司章程和法律规定办理股权继承；人寿保险理赔需要及时提交理赔资料。每一种财产的估值、办理过户的机构、需要提交的资料都各不相同，财产传承是一个环节众多、内容复杂的大工程。

避免财产下落不明，实现高效有序传承财产，可以从以下7个方面早做准备：一是详细列明各项财产的清单；二是妥善保管财产权属的证明；三是提前办理亲属关系的公证；四是保存去世亲人的死亡证明；五是明确未成年子女的监护和抚养问题；六是提前订立有效遗嘱，并且指定遗嘱执行人；七是一方去世的时候，及时处理遗产。

（三）第三个影响因素是工具，也就是怎么传承

财富传承与家事错综交织，财富多元升级了传承的难度，我们可以请教理财师和律师，避免未来财富遭受大比例的损失甚至全军覆没的风险，规划和预防各种家事带来的危害，从而实现守富、传承、享富，让财富能够代代传承，让家人能够和谐地生生不息。

真正实现财富保护传承，需要运用多种法律工具，包括赠与、遗嘱、保险、传承委托、家族信托、家族办公室、慈善基金会等。这些工具中，不少工具既是法律工具，又是金融工具，特别是保险、家族信托这样的工具，必须依靠保险公司和信托公司才能提供法律上可靠的制度保障。每种工具都有自己的特性和优势，下面通过一个案例来认识这些主要的传承工具。

成嘉利经营有一家化妆品销售公司，40 岁遇到心爱的人而走入婚姻殿堂。丈夫是政府某局局长，离异，有一个 12 岁的儿子，儿子跟随他们一起生活。二人婚后生育一女儿，现在 5 岁。成嘉利婚前有一套房产以及存款和金融投资等财产，公司在婚后继续经营，利润可观；婚后夫妻两人购买了一套大户型的房子。成嘉利很喜欢继子，抚养教育关爱有加，不过内心还是想把自己的财产传承给女儿。我们来看一下使用赠与、遗嘱、保险、家族信托 4 种工具的传承

效果。

1. 赠与合同

成嘉利在了解到杭州女孩小丽继承房产的艰难过程后很受触动，想到自己只有一个亲生女儿，自己的财产早晚都要传承给她，还不如提前过户给她，就把婚前的房产过户给了女儿。

房产赠与过户手续简单，很快就办理好了。这套房子是女儿的个人财产，以后结婚了也仍然是她的个人财产。早早把财产过户给子女可以避免纠纷，但同时也蕴含很多风险。

（1）房产过户给女儿，房产就是女儿的个人财产，成嘉利失去了对财产的掌控权。

（2）女儿未来如果发生离婚、负债、死亡，无法防止赠与财产的流失。

（3）女儿违背自己的意愿将财产转赠他人，或者私自为配偶加名，自己无力阻止。

（4）女儿挥霍财产，自己无力阻止。

（5）女儿得到财产后如果不尽赡养义务，无法维护自己的利益。

2. 遗嘱

成嘉利的工作经常需要出差，切身体会到人身风险无处不在，她早早起草了遗嘱，将200万元存款、现值150万元的股票、婚后购买的大户型房产在遗嘱中明确说明留给女儿一个人。

这份遗嘱存在一个小问题：婚后购买的大户型房产是夫妻共同财产，遗嘱只能处理个人的财产，所以这份遗嘱部分无效。

成嘉利使用遗嘱传承财产可以根据个人的心愿、子女的情况、财产的变化随时修改遗嘱；遗嘱的效力优先于法定继承，有遗嘱先按照遗嘱传承财产；遗嘱明确财产是给女儿的个人财产；遗嘱中列明财产清单，帮助子女顺理找到遗产，获取遗产；遗嘱明确了具体的传承人选、传承财产和份额，有效避免家庭纠纷；遗嘱还可以对遗产的使用附加条件，引导子女合理使用财产。

遗嘱只能在成嘉利去世后生效。如果女儿按照遗嘱继承财产，只有办理完继承权公证才能办理房产、股票等财产的过户手续。女儿获得财产后如何使用遗产，成嘉利已经无法掌控。成嘉利生前的债务由她的遗产进行偿还，女儿继承遗产应当清偿成嘉利依法应当缴纳的税款和债务，缴纳税款和清偿债务以她的遗产实际价值为限。超过遗产实际价值部分，继承人自愿偿还的不在此限。如果遗产不足以偿还成嘉利的债务，最后女儿什么保障都没有。如果有人对成嘉利遗嘱的真实性、合法性提出质疑，家人之间引发纠纷，遗嘱很可能被法院认定无效，遗产继承又回到法定继承，传承心愿落空。如果成嘉利去世时女儿还未成年，女儿继承的遗产将由监护人代为管理和使用，是否有合适的监护人，监护人能否管理好财产，是否能为女儿创造好的成长环境和发展机会都存在很大的不确定性。

3. 保险

成嘉利为女儿配置了大额年金保险，投保人是自己，女儿是被保险人，自己是受益人。成嘉利作为投保人是保单利益的权利人和掌控者，可以办理保单质押贷款、退保领取保单现金价值、根据需要变更投保人和受益人等。年金保险为女儿提供了整个人生不同阶段的现金流，是妈妈对女儿长久的爱与呵护。女儿成年后，可以将投保人变更为女儿，避免自己的企业经营风险牵连保单利益。

成嘉利为自己配置了高额的人寿保险，自己为投保人、被保险人，受益人为女儿。保单存续期间，成嘉利是保单的掌控者，当女儿身故、女儿婚姻变动、女儿不孝顺等情况出现时，她可以随时根据自己的心愿变更受益人，改变传承方向。她身故后，保单进行理赔，女儿作为受益人获得高额的保险金，这是女儿的个人财产，而不是成嘉利的遗产。女儿的个人财产与成嘉利的生前债务不连带，这为女儿传承了一笔保障她抚养、教育和优质生活的资金。保单的理赔非常高效，能保障子女生活资金的及时供应。如果保单理赔时女儿已经结婚了，女儿作为受益人领取的保险金仍然是她的个人财产，这避免了传承财产与婚后财产的混同。

终身寿险是以死亡为触发机制给生命价值最后的一次升值机会，是一场生命价值的"首次公开募股"，将财富放大后传承给子女，助孩子站上更高的起点。保险是现金传承之王，但是也存在自身的很多局限。人们的很多细化、深化的传承需求，人寿保险无法提供解决方案。成嘉利要传承的财产不仅仅是资金，还有房产、车辆、古玩收藏等实物财产，公司股权、企业出资等财产权益，知识产权等无形资产，这些种类的财产，保险无法处理。成嘉利的女儿还很小，如果保单理赔时女儿还是未成年人，巨额保险金由谁管理？监护人能否保护孩子的利益？保险公司对于未成年受益人的保障没有长效机制。成嘉利不仅想照顾女儿，还想要为更多家族后代安排好教育培养的资金。对于还没有出生的后代如何规划传承？保险受益人无法把没出生的孩子作为受益人，受益人范围受限。

成嘉利不仅仅想留给女儿一笔资金，还想约束和引导女儿合理、有效地使用这笔资金。保险能做得到吗？保险公司对于保险金理赔后的使用没有约束、监督的作用。保险的优势和局限一样鲜明，保险金信托应运而生，为上述问题提供了解决方案。

成嘉利向保险公司投保人寿保险或年金保险，同时与信托公司签订信托协议。保单的受益人为信托公司，保单存续期间由保险公司管理，被保险人出险，保险金理赔后直接进入信托公司继续管理。信托协议中约定了保险金的使用方式，指定了信托的受益人，约定好受益人领取收益的条件和方式。保险金信托让财富传承更加灵活、实现个性化定制；扩大了受益人的范围，避开继承权公证等繁杂的手续，高效衔接传承；信托机构充当机构监护人，为幼小子女财产利益的保护提供新的解决方案；传承的私密性让人更安心。

4. 家族信托

2017 年，一部反腐题材连续剧《人民的名义》好评如潮，分析剧中人物和情节成为当时最热门的话题，比如大风厂的股权质押、员工持股，山水集团的过桥贷款，还有剧末收官高小琴为她和妹妹的两个孩子投资的 2 亿港元香港信托基金。我们回顾一下剧中该信托的情况：

委托人：高小琴

受托人：某信托公司

信托设立地：香港

受益人：高育良、高小凤的子女 & 祁同伟、高小琴的子女（均为未成年人）

信托资产：现金 2 亿港元

电视剧中，高小琴设立的 2 亿港元信托是以山水集团非法所得设立，家族信托要求委托人承诺"以自己合法所有的财产设立本家族信托"，现实中这样的信托能否顺利设立？是否涉及洗钱犯罪？侯亮平代表的检察院能否击穿高小琴的信托，收回 2 亿港元巨款？香港正在积极操作 CRS，境内高净值客户设立离岸信托是否会面临被税务局揭开面纱？这诸多问题电视剧没有给出答案，在法律、金融领域也有很大的争议。我们从高小琴给 2 个孩子设立的家族信托内容来说，高小琴无疑是希望用 2 亿港元信托基金来保障孩子的未来生活。

家族信托不是一个产品，而是一种法律架构。通常情况下在国内，大家印象中的信托，其实往往是自益信托，是以盈利为目的的一类投资理财产品。而高小琴设立的，则是以财富传承、资产保护、风险隔离、生活保障为目的的真正意义上的他益信托。两者的目的、功能和适用的法律内容均不相同。家族信托天然具备资产隔离功效。信托法里规定，信托一经生效，信托财产就成为独立运作的财产。信托财产从委托人的自有财产中分离出来，且独立于受托人的自有财产，受托人只能按照信托合同的约定来运作和分配，同时在信托利益支付前也不属于受益人的财产。信托法的规定，实现了信托资产的 3 重隔离：独立于委托人、独立于受托人、独立于受益人。

家族信托是为高净值人士设计的制度，成嘉利可以设立家族信托，以自己为委托人，以资金、企业股权为信托资产，以信托公司为受托人，指定信托保护人、受益人。受益人根据需要在不同时期可以为自己、子女、丈夫等亲人。如果成嘉利和丈夫发生失能风险，信托公司可以按照之前设立的指令将所需金额直接支付给医疗机构；如果成嘉利去世，可以变更信托受益人，并根据受益人不同时期的不同需求调整收益比例；如果女儿出国留学，可以支付留学费用和设置激励奖励；如果女儿创业，可以提供创业基金；当女儿要步入婚姻的殿堂，信托给予一定金额的婚嫁金，是父母对女儿的美好祝愿；当孙辈出生，还可以为外孙子女设定"见面礼"；成嘉利想要将财富回报社会，可以支持慈善项目……

信托架构的设计架构非常灵活，只要不违反法律强制性规定都可以个性化设计。家族信托是高净值人士最感兴趣的财富保障和风险分散方式，但是开始使用和已经尝试的人数还比较少。一方面是家族信托的门槛比较高，一般要拥有 3000 万~5000 万元可投资资产才可以设立家族信托；另一方面，家族信托的法律法规还不够健全，搭建家族信托的专业人才也在孕育和培养。可以预见的是家族信托的需求在日渐增加，并深化、细化，家族信托的实践应用正推动家族信托制度的深化完善。

（四）第四个要素是环境，包括人口、经济、法律、社会等宏观环境

招商银行和贝恩联合发布的《2017 中国私人财富报告》中，对

比了 2009—2017 年中国高净值人群的理财目标。"保证财富安全"
在 2013 年一跃成为高净值人士的首要理财目标，一直到 2017 年，
这一目标的占比虽有小幅度降低，但是仍然牢牢占据首要理财目标
的席位。2009—2017 年，"传承财富"这一目标的重要性越来越凸
显，财富越是庞大，对财富传承就越重视。财富传承与财富保全就
像一枚硬币的两个面，如果把正面和反面分割开来，那么它将一文
不值。

1. 人口老龄化，财富传承需求凸显

全国老龄办数据显示，截至 2017 年年底，我国 60 岁及以上老
年人口 2.41 亿，占总人口比重 17.3%。预计到 2050 年前后，这一
比例将达 34.9%。2.41 亿老年人的养老、医疗备受关注，数亿老年
人的财富传承成为家庭和社会必须面对的趋势。

2. 大众财富增加，财产传承内容增加

2016 年，中国个人持有的可投资资产总体规模达到 165 万亿元，
预计到 2017 年年底，可投资资产总体规模将达 188 万亿元。可投资
资产是个人投资性财富总量的衡量指标。可投资资产包括个人的金
融资产和投资性房产。其中，金融资产包括现金、存款、股票、债
券、基金、保险、银行理财产品、境外投资和其他境内投资（包括
信托、基金专户、券商资管、私募股权、黄金和互联网金融产品等）
等；不包括自住房产、非通过私募投资持有的非上市公司股权及耐
用消费品等资产。大众财富体量增加，种类多元，财富传承目标的
实现需要多种工具组合使用。

3. 婚姻家庭复杂化，财富传承难度升级

2018 年 8 月 2 日，民政部发布的《2017 年社会发展服务统计公报》数据显示，2017 年有 1063.1 万对夫妻结婚，其中涉外及华侨、港澳台居民登记结婚 4.1 万对。2017 年，25~29 岁办理结婚登记占结婚总人口比重最大，占 36.9%。男女双方晚婚，各自带着婚前丰富的个人财产进入婚姻，婚后的财产中有个人婚前财产、个人婚前财产婚后产生的收益，也有夫妻婚后共同创造的财产，财产结构复杂化。涉外婚姻中，不同国家的法律对夫妻财产、财产继承的制度不同，也增加了财富分配、传承的不确定性。

2017 年，依法办理离婚手续的共有 437.4 万对，连续 8 年持续增长。其中，民政部门登记离婚 370.4 万对，法院判决、调解离婚66.9 万对。离婚家庭增加，再婚家庭的数量也增加，多段婚姻、多个子女在财富传承中利益的冲突点增加，容易引发传承纠纷，也对财富传承服务提出更专业的要求。

4. 婚姻继承法律修订，财产传承依据变化

2018 年 8 月 27 日，十三届全国人大常委会第五次会议首次审议民法典各分编草案。民法总则和民法典各分编合并为一部完整的民法典草案，将由全国人大常委会提请 2020 年 3 月十三届全国人大三次会议审议。民法典各分编草案包括六编，即物权编、合同编、人格权编、婚姻家庭编、继承编、侵权责任编，共 1034 条。继承篇增加遗产管理人制度，适当扩大扶养人范围，完善债务清偿规则，增加打印、录像等新的遗嘱形式。《继承法》自 1985 年实施，33 年来

家庭财产传承出现很多新发展，法律的修订将影响每个家庭的财富传承方式和效果。

5. 民营企业交接期，传承内涵更加丰富

近年来，伴随着中国改革开放后的第一代民营企业逐步进入交接期，家族企业基业长青的重要性和复杂性日益显现。越来越多的创富一代企业家开始未雨绸缪，筹划家族企业的未来发展架构。随着对财富传承思考的深入，部分高净值人士尤其是超高净值人士，开始接触到"家族治理"的概念。站上更高的位置，高净值人群开始全盘考量物质财富、家族企业和精神财富的传承，借助企业管理的智慧协调日益庞大的家庭乃至家族关系，探索以制度化的方式来约定和规范家族内部的议事规则和重大决策。因而，财富传承的内涵更加丰富。

与此同时，随着慈善意识的觉醒，很多高净值人士认为财富的价值不应局限于个人和家庭，他们希望通过合适的方式将部分财富用于回馈社会。近年来慈善的形式也愈发丰富，除了常见的捐赠和参与活动以外，积极筹划慈善信托和家族基金会的案例也不断涌现。

总结：

通过以上分析我们发现：赠与财产会使财产控制权生前过早丧失；遗嘱传承，财产控制权身后无法履行；保险和家族信托，财产控制权由法律制度保障。保险是现金传承之王。现代家庭财富种类多元，房屋、汽车等实物财产，公司股权、企业出资等复杂财产，

知识产权等无形财产的有效传承需要赠与、遗嘱等常规法律工具、人寿保险、家族信托等金融工具组合实现。没有完美的单一传承工具，只有接近完美的传承工具组合。

第五章 理财理人生 理财案例

第一节 青年家庭理财案例

背景资料

　　小王今年 28 岁，生活在某三线城市。他大学毕业后一直在一家机械公司打拼，经过 5 年努力，终于成了一名项目经理。

　　3 个月前，小王和相恋多年的女朋友结婚了。妻子是小王高中时的同学，现在当地一家大医院从事护士工作。小王夫妇的父母都有退休工资，虽然收入不高，但都不需要他们照顾。两人结婚没有大操大办，他们选择了参加"希腊爱琴海浪漫蜜月之旅"旅行团旅游结婚。

　　旅行回来后，两个人盘点了一下幸福小家的资产：小王的父母给了 50 万元，作为买房的首付，并希望他们自己贷款并还月供。但由于近期房价的波动，小王夫妇一直没下定决心购买。妻子的父母准备了 10 万元现金作为心爱女儿的嫁妆。小王夫妇把这 60 万元购买了半年后到期银行理财产品,准备到期后再做购房规划。结婚期间,共收到亲朋好友的礼金 10 万元。小王拿 5 万元买了一只股票,5 万元买了一只股票型基金。谁知这 3 个月行情急转直下亏损严重,股票现在市值 2.5 万元,基金市值 3 万元。小王和妻子结婚前一共攒下了 10 万元,一直放在银行的活期储蓄里。

小王每月收入 8000 元,在年底可以拿到 3 万元年终奖。妻子的收入比较固定,每月税后 6000 元。小王夫妇虽然收入不错,但平时的交际和娱乐很多,再加上生活费每月支出 7200 元。由于新婚没有买房,小王以每月 5000 元租住了一个高端三居室作为婚房。同时,希腊旅游刷信用卡 3 万元,分 12 期还款,每期还款 1900 元,已还 3个月。

一、 理财需求

1. 房价是否还有下跌的可能性,是现在买房还是未来再买?
2. 准备 2 年后生个小宝宝,资金上需要准备什么?
3. 现在资产不多,如何资产快速增值?

二、 理财建议

(一) 家庭财务分析

1. 家庭资产负债构成

小王家庭的资产负债状况见表 5-1。

表 5-1   小王家庭资产负债表

资产负债表			单位：元
王先生家庭		××××年××月××日	
资产	金额	负债	金额
现金与现金等价物		住房抵押贷款余额	0
活期存款	100000	购车贷款余额	0
货币市场基金		信用卡余额	22900
其他金融资产		投资房产抵押贷款余额	
股票	25000	其他负债	0
基金	30000		
银行理财	600000		
保单现金价值	0		
实物资产		负债合计：	22900
自住房	0		
投资房产	0		
汽车	0	净资产	732100
资产总计：	755000	负债与净资产总计：	755000

2. 家庭年度收入支出构成

小王家庭的收入支出情况见表 5-2。

表 5-2   小王家庭收入支出表

收入支出表			单位：元
王先生家庭		××××年 1 月 1 日—12 月 31 日	
年收入	金额	年支出	金额
工资薪金		房屋按揭还款	0
王先生	96000	信用卡贷款还款	22800
王太太	72000	日常生活支出	86400
年终奖	30000	保费支出	0

收入支出表			单位：元
王先生家庭		××××年1月1日—12月31日	
年收入	金额	年支出	金额
投资收入		子女教育费用支出	0
利息和分红		家庭用车支出	0
资本利得		其他支出	60000
租金收入			
其他			
		支出总计：	169200
收入总计：	198000	年结余：	28800

3. 家庭财务诊断

小王家庭的财务比率表见表5-3。

表5-3 小王家庭财务比率表

财务比率表			
财务比率	计算公式	参考值	实际值
结余比率	结余÷税后收入	0.3	0.15
财务负担比率	债务支出÷税后收入	≤0.4	0.12
流动性比率	流动性资产÷每月总支出	3	7.09
财务自由度	非工资收入÷总支出	越大越好	0

通过对小王夫妇家庭财务数据的梳理和财务比率的分析，我们发现小王家庭在财务上存在以下主要问题：

（1）结余比率过低。结余比率是年度结余与年度税后收入的比值，合理值应该在0.3左右，也就是一年当中有30%的钱可以结余下来。小王夫妇实际值过低，只有 0.15，这说明他们日常的开支过大。小王和妻子平均每月有 16500 元收入，在当地已经不低了。然而他们只能攒下 2400 元，花掉 14100 元。长此以往，不但不能攒下钱，还没有资金拿去投资，无法早日实现财务自由。

（2）财务负担比率过低。通过对小王夫妇财务负担比率的分析，发现他们对财务借贷认识很不透彻：首先，他们有 3 万元的信用卡贷款，分 12 期偿还。看似不多的 3 万元，其贷款利率一般都在 14%左右，与此同时，小王夫妇在银行里有 10 万元的活期存款，只能拿到 0.35% 的活期利息，这种做法可谓得不偿失。其次，小王夫妇对财务杠杆认识不清。在家庭消费资金不足时，可根据自己偿还能力适当借款提前消费。比如买房资金不足，可贷款买房，小王夫妇可以拿出每月收入 16500 元的 40%，用于偿还房贷的本金和利息，这样既不会影响家庭的生活质量，还能把未来的资金运营到今天购房中，提早享受幸福。在投资的过程当中，根据自己的风险承受力做适当的借款投资也是可以的，这样就创造了扩大收益的可能性。

（3）流动性比率过高。流动性比率一般是指家庭可及时变现的流动资产除以每个月总支出所得倍数，合理指在 3 ~ 6 倍。这说明家庭日常生活一旦遇到收入中断，比如失业或疾病引起短期无法工作，则有 3 ~ 6 个月的花销储备。这些钱应该放在变现灵活的金融产品中，以便随时支取。但是由于支出灵活，也意味着收益不高。所有日常生活准备金不应超过家庭月支出的 6 倍。小王夫妇有 10 万元活期存款，是每月总支出 14100 元的 7.09 倍，稍微高了一些。

（4）财务自由度为零。财务自由度是指家庭不靠工资收入，而靠投资收入能够维持生活支出的程度。小王夫妇投资的股票和股票型基金都是亏损的，理财产品没到期无法计算收入。可以说他们没有非工资收入，小王夫妇必须靠工作来生活，一旦失业将面临巨大风险。因此我们建议小王夫妇改变资产配置以增加理财收入，当非工资收入大于总支出时，他们将不用为了生活开销而工作，也不用担心退休后的生活来源。

综上所述，我们能发现小王夫妇的工作收入还不错，但家庭的日常开支过高。如果不及时调整支出结构留出结余，将无法应对未来的生活。同时，趁着年轻，应适当增加投资，创造非工资收入，这样才能走上致富的道路。同时我们还发现，小王夫妇除社会保险外，没有其他商业保险，一旦风险发生没有强有力的工具去应对的。

三、 目标规划

（一） 现金规划

我们的家庭收入中，一般30%用于日常的生活，30%用于满足居住，30%用于储蓄，10%用于购置保险。这对普通家庭是个相对合理的配置比例。按照这个比例，小王夫妇每个月的花销应掌握在月收入16500元的30%，即4950元左右。而他们每月实际花7200元，因此应逐渐降低不必要的支出，将花销控制在合理范围内。并且2年后孩子将会出生，每月的支出还会增加，所以从现在开始就应该养成勤俭节约的好习惯。

小王夫妇还需要准备家庭应急准备金。他们现在每个月总支出14100元，没有老人和孩子的负担，并且工作稳定，特殊情况不多。家庭应急准备金只要是每月总支出的3倍即可。可将现有的10万元活期储蓄保留4.5万元作为准备金用。待到未来每月的支出下降之后，准备金还有降低的空间。这4.5万元可以拿出1.5万元放在银行活期储蓄，以备日常使用。剩余的3万元可以放在余额宝中，以备不时之需。小王夫妇还应养成每月为花销做预算的习惯，花钱时按计划，并且在月底进行盘点。将实际的花销和预算进行对比，总结计划外花销的必要性，下个月改进。

（二）购房规划

小王夫妇一直担心房价下跌而不敢买房，其实这种担心没有必要。因为他们买房的目的是为了居住，是一种刚性需求，就像买食物一样，价格再贵还是需要吃饭的。即使有一天房价上涨或下跌，他们都不会轻易卖出自己的房产。小王夫妇现在有买房的能力，所以建议购买。并且从长期来看，房价的走势应是相对稳定且持续上涨的。住在自己的房子里，享受那种其乐融融的幸福是不能用金钱来衡量的。小宝宝即将到来，提前为小宝宝准备好一个家是非常重要的。

当地的房价约在2万元/平方米。权衡自己的资金和未来养育宝宝的需求，小王夫妇认为购买一个70平方米左右的两居室相对合理。总价140万元的房子，可以通过住房抵押贷款购买。经过简单计算，首付为总价的30%，需42万元；贷款为总价的70%，贷98

万元，贷款利率4.9%，选择20年期按月等额本息还款方式，每个月偿还6413.55元。小王夫妇可以将60万元的银行理财产品到期取现，拿出42万元来付首付。剩余的18万元作为装修和税费款。小王夫妇每月收入16500元，拿出其中的30%～40%支付房贷是合理的，可拿出6600元。每月6413.55元的月供没有超过这个范畴，伴随着他们未来收入的成长，这个月供的压力将会越来越小。

同时，我们还建议更换现在租住的房屋。现在每月5000元的租金花费过高，在当地每月3000元足够租住一个经济实惠的两居室。这样每月可以省出2000元，为未来的购房积攒更多资金。

（三）保险规划

小王夫妇婚后都多了一份家庭责任，他们都应购买足额的寿险，寿险保额可根据未来的保障需求来计算。他们一旦去世，首先双方父母都需要照顾，暂估算100万元；未来孩子养育费用，简单估算50万元；家庭未来10年的生活费，预估80万元；还有未来的住房贷款98万元。这样加在一起总共需要330万元左右，是夫妻双方应该共同拥有的保额。王先生个人收入占家庭收入的64%，所以应占330万元的64%，即210万元。万一小王去世，将会得到210万元的补偿，加上未来妻子的收入，可以支撑起这个家。同理，妻子的收入占家庭收入的36%，寿险保额应为120万元。双方还应购买意外险，意外险额度建议为寿险额度的2倍，这是为了预防意外半残情况的发生。小王意外险的保额应为420万元，妻子应为240万元。除此之外，小王夫妇还应购买重大疾病保险，考虑到他们现在的家庭财务状况，建议设计 30 万元保额，同时，附加住院医疗等附加险。

小王夫妇一年支出的保费不应该超过年收入的 10%，即 19800 元。所以建议小王夫妇在购买保险时，以消费型保险为主。这样既可以保证足额的保障，又可以控制自己保费支出在合理的范围内。

（四） 子女教育规划

小王夫妇预计 2 年后自己的宝宝出生，可以将 10 万元中的 5.5 万元作为孩子出生准备金。因为这笔钱应保障安全，并在孩子出生时可以使用，所以适合放在银行的定期储蓄中。孩子未来的大学费用也需要提前规划，可等等孩子出生时再进行。

（五） 投资规划

小王夫妇正处在家庭的初创期，正是风险承受力较强的时候。此时应积极主动尝试各种投资，适当地冒些风险。这样一方面能积累投资经验，一方面可换取更高的收益。我们不建议小王夫妇持有股票，建议将 3 万元的股票也转换成股票型基金。虽然现在股市行情下跌，但也正是买入基金的好时机。未来每个月还有 20% 的收入用于积攒。根据小王夫妇现阶段的风险承受力，建议将每月结余的 80% 定投于股票型基金或指数基金，20% 定投于债券型基金。

经过规划，小王夫妇的收入和支出结构更加合理，有效地解决了住房和育儿的目标，并且对未来的收入做了合理投资安排。对他们的家庭风险也进行了有效防控。但此规划仅是对小王夫妇孩子出生前的财务问题进行了规划，未做子女教育规划和夫妻二人的养老规划等。家庭保障的规划更多针对当下阶段。建议小王夫妇在孩子出生后，针对当时家庭资产状况和未来目标重新进行规划。

第二节　中年家庭理财案例

背景资料

张先生和张太太生活在二线城市，有一个可爱的儿子，今年2岁了。张先生今年31岁，是一名建筑工程师；张太太31岁，在一家上市公司做财务主管；张先生夫妇较为年轻，正处于事业起步阶段，目前收入稳定，税后年收入分别为19.5万元、13万元。随着二人经验、阅历的增长，未来事业、收入将有较大的稳定上升空间。夫妇二人均享有社保和商业团体补充医疗保险，张先生购买了个人商业保险，主要为寿险和重疾险15万元，意外伤害险15万元；张太太享有商业团体大病保障基金80万元；儿子享有北京"一老一小"医疗保障。全家全年保费支出6000元。

张先生家庭年生活支出约4万元。夫妇每年出国旅游一次，预算2万元。自住房产一套，现价260万元，房贷总额80万元，月还贷0.8万元，剩余未还贷款本金63万元。机动车一辆，现在值22万元，车辆年度费用支出2.5万元。打算2年内为妻子买车，预算10万元以上。家庭在余额宝里有20万元，股票现值1万元。

一、理财需求

（1）张先生夫妇比较关心子女教育，计划在孩子18岁时为其准备好大学教育金 20 万元。

（2）夫妇期望早日实现财务自由，打算 45 岁退休。

（3）张先生家庭仅有少量的商业保险，其家庭的风险保障规划是不完备的，需要为其家庭成员补充商业保险。

二、 理财建议

（一） 家庭财务分析

1. 张先生家庭资产负债情况

张先生家庭的资产负债情况见表 5-4。

表 5-4 张先生家庭资产负债表

资产负债表			单位：万元
张先生家庭		×××× 年××月××日	
资产	金额	负债	金额
现金与现金等价物		住房抵押贷款余额	63
活期存款		购车贷款余额	0
货币市场基金	20	信用卡余额	0
其他金融资产		投资房产抵押贷款余额	
股票	1	其他负债	0
基金	0		
银行理财	0		
保单现金价值	0		
实物资产		负债合计：	63
自住房	260		
投资房产	0		
汽车	22	净资产：	240
资产总计：	303	负债与净资产总计：	303

2. 张先生家庭收入支出情况

张先生家庭的收入支出情况见表 5-5。

表 5-5　张先生家庭收入支出表

收入支出表			单位：万元
张先生家庭		××××年1月1日—12月31日	
年收入	金额	年支出	金额
工资薪金		房屋按揭还款	9.6
张先生	19.5	信用卡贷款还款	0
张太太	13	日常生活支出	4
年终奖	0	保费支出	0.6
投资收入		子女教育费用支出	0
利息和分红	0	家庭用车支出	2.5
资本利得	0	其他支出–旅游	2
租金收入	0		
其他	0		
		支出总计：	18.7
收入总计：	32.5	年结余：	13.8

3. 张先生家庭财务诊断

张先生家庭的财务比率表见表 5-6。

表 5-6　张先生家庭财务比率表

财务比率表			
财务比率	计算公式	参考值	实际值
结余比率	结余÷税后收入	0.3	0.42
财务负担比率	债务支出÷税后收入	≤0.4	0.3
流动性比率	流动性资产÷每月总支出	3	12.8
财务自由度	非工资收入÷总支出	越大越好	0

通过对张先生家庭财务数据的梳理和财务比率的分析，我们发现张先生家庭在财务上的情况如下：

（1）结余比率比较合理。结余比率是年度结余与年度税后收入的比值，合理值应该在0.3左右，也就是一年当中有30%的钱可以结余下来。张先生夫妇结余比率为0.42，说明张先生家庭资金积累速度较快。

（2）流动性比率过高。张先生夫妇余额宝账户中有20万元，是每月总支出15583元的12.8倍，高于参考值，张先生家庭的流动性资产足以覆盖家庭12个多月的支出，流动性比率过高，也意味着家庭资产收益性较低。

（3）财务自由度为零。张先生夫妇没有非工资收入，必须靠工作来生活，虽然他们工作能力较强，但要想实现财务自由，必须借助投资收入才能达成。

综上所述，我们发现张先生家庭是典型的三口之家，即将进入子女教育期，孩子的抚养和教育导致家庭费用呈几何倍数增加，财务压力也将同时加大。而这时张先生夫妇正值事业成长期，收入较高，结余比较合理，短期偿债能力强，未来收入空间还会有所提升，在财务方面就需要更加仔细地规划。张先生家庭投资结构不合理之处在于，家庭资产的投资收益水平低。当前阶段要考虑的，除了继续还房贷外，还要考虑孩子大学毕业前的教育费用开支，为此，要求家庭增加稳健型投资或固定回报类投资的比例。随着子女自理能力的增强，家庭可以在投资方面适当进行调整，如进行风险投资等。

三、 目标规划

（一） 现金规划

张先生家庭流动性比率过高，由于张先生夫妇工作稳定，收入有保障，因此将流动性比率控制在 3 倍即可。当前张先生家庭的年支出为 18.7 万元，月支出即 15583 元。建议张先生家庭把流动性资产控制在 5 万元左右（家庭备用金），以现金、各类银行储蓄和货币市场基金的形式存放，这样不仅可以保持资金的流动性，还可以获得一定的收益，并可避免因各种原因导致收入暂时中断带来的生活困境。家庭除了预留一定数额的现金及现金等价物外，还要有应急准备，即万一发生突发事件需要用钱，能够很快变现。建议准备 10 万元（家庭备用金的两倍）应急准备金，这笔款项可以短期理财的形式存在，具体配置产品与资金需求的期限相匹配为宜，比如短期银行理财产品、货币基金、债券基金等，这样可以在保证流动性的基础上取得一定的收益。此外，一定额度的信用卡及商业保单贷款，对应对突发事件也有相当的帮助。

（二） 消费规划

张先生打算在妻子摇到号后为妻子购置一辆机动车，预算在 10 万元以上。由于买车日期不确定，因此买车的费用（购车基金）和应急准备金放在一起，共计 14 万元。如果张太太摇到号买车，购车款可用"应急准备金＋信用卡"的方式解决，应急准备金被用掉的部分由以后的收入结余或投资结余补齐。由于机动车只是代步工具，属于负债，建议张先生尽量缩减这部分开支。

（三）保险规划

张先生夫妇都拥有社保和单位保障，这种保障程度有限，且只能在短期内覆盖本人的部分保障需求，因此还需要其他商业保险，如寿险和长期重大疾病保险，确保在自己出现意外时，除保证急用准备金和收入的补偿外，还有经济实力维持其余家人的正常生活。其保额应为若干年家庭支出和孩子教育金之和。另外，需为孩子购买医疗险和意外伤害险。

按照科学的比重分配，商业保险缴费金额以家庭年税后收入的10%为宜，即3万~4万元，保险金额通常需达到家庭年税后收入的10倍。保额分配应遵循6:3:1的比例原则，即张先生占60%，张太太占30%，孩子占10%。这与张先生家庭的收入贡献相匹配，并在保险规划中优先考虑大人的风险保障。

由于重大疾病发病率越来越高，治疗重大疾病的费用以及罹患重大疾病后收入的损失也越来越大，为防止万一发生重大疾病给家庭带来巨大的负担，一定要给家人都配置足够额度的重大疾病保险。虽然张太太单位配备了80万元大病医疗基金，但是由于重大疾病保险具有收入补偿的功能，因此建议张太太至少配置部分重大疾病保险。

寿险及重大疾病保险具有豁免功能，即万一交费期内发生理赔，则豁免后期保费，因此建议张先生家庭选择较长的交费期，用更少的年交保费获得更高的保障。

经过规划安排，完全能覆盖张先生一家三口的身故责任保障、重大疾病保障、住院费用报销、意外伤害医疗费用报销等保障需求。既基本符合家庭保费和保险金额分配原则，也基本上解决了整个家庭的意外和健康风险保障。

（四）教育规划

教育规划要求目标合理、提前规划、定期定额、稳健投资。教育金没有时间弹性及费用弹性，因此张先生夫妇最好从现在开始准备。大学学费测算表见表5-7。

表5-7 大学学费测算表

大学学费测算表	
小孩现在年龄	2 岁
距离上大学年限	16 岁
学费成长率	5%
每年大学学费——现值	20000 元
每年大学学费——未来值	43657.49 元
预计投资报酬率	6%
预计读几年	4 元
大学学费总额——未来值（18 岁）	172174.29 元

由以上测算可见，张先生设定孩子的大学教育金目标为20万元，这是合理的。

建议张先生将已有资金2万元作为启动资金，再从每年结余中抽出0.6万元投入教育金准备，直到孩子高中毕业。按照年收益率6%计，到孩子18周岁上大学时累计教育金达到21万元。张先生可以平衡型基金为主进行组合投资，建议选择每月定额定投的方式。

（五）退休规划

退休规划的原则是根据情况及早规划。张先生夫妇正常退休年龄为 60 岁，目前期望 45 岁退休。按照以上原则、要求和张先生的期望和条件，以及当前政策和市场相关产品的特点，测算结果表明：张先生夫妇尚不具备 45 岁退休的条件。张先生夫妇当前应以正常退休年龄时的退休金缺口为目标，做好退休规划准备。

（1）根据测算（见表 5-8），如要在 60 岁正常退休后保持现在的生活水平，除正常参加社保外，还需要从现在起每年投入 2.4 万元左右作为退休基金准备。以当前的家庭财务状况，是可以做到的。

表 5-8　张先生退休金测算表 1

退休金规划 1（正常退休金缺口补充所需投入测算）	
现在的年龄	31 岁
预计退休年龄	60 岁
距离退休年限	29 岁
预期寿命	85 岁
退休后生活年限	25 岁
退休后每月生活费——现值	7000 元
社会保险养老金月领——现值	5000 元
退休金所需资金缺口（原值）	2000 元
预计年均通胀率	4%
退休金每月生活所需资金缺口（退休时价值）	6200 元
退休金生活所需资金缺口总额（退休时价值）	187.12 万元
投资策略	投资组合
预期投资报酬率	6.00%

退休金规划1（正常退休金缺口补充所需投入测算）	
假定一次性投入所需	34.53万元
假定每年投入所需	2.4万元
制定每月投入所需	2000元

（2）要想实现45岁退休直至终身，需要从现在开始，在正常投入的基础上增加每月定额投入8500元，而按张先生家庭现在的收支盈余状况，是不适宜的。见表5-9。

表5-9　张先生退休金测算表2

退休金规划2（正常退休金缺口补充所需投入测算）	
现在的年龄	31岁
预计退休年龄	45岁
距离退休年限	14岁
预期寿命	60岁
退休后生活年限	15岁
退休后每月生活费–现值	7000元
退休金所需资金缺口（原值）	7000元
预计年均通胀率	4%
退休金每月生活所需资金缺口（退休时价值）	1.21万元
退休金生活所需资金缺口总额（退休时价值）	218.19万元
投资策略	年金险、基金组合
预期投资报酬率	6.00%
假定一次性投入所需	96.51万元
假定每年投入所需	9.79万元
制订每月投入所需	8300元

（3）建议张先生夫妇每年投入 2.4 万元左右作为未来正常退休年龄养老金的补充。可选择符合养老年金特点的商业年金保险等。

（六）投资规划

除上述安排外，张先生家庭每年可有 7.87 万元左右的结余用于投资。其投资本息可兼顾教育金、退休金的补充以及家庭临时开支等应急基金的准备。

从张先生夫妇理财风险测试可以得出，张先生家庭属于轻度进取型投资者。一般而言，个人的风险偏好可以分为五种类型：保守型、轻度保守型、中立型、轻度进取型、进取型。其中，轻度进取型投资者的资产组合中，定息资产的比重为 20% ~ 30%，成长性资产的比重为 70% ~ 80%。按照张先生家庭风险承受力和结余状况，建议投资组合见表 5-10。

表 5-10　建议投资资金分配比例表

建议投资资金分配比例						
分类	品种	金额/万元	比例（%）	预期收益率（%）	年收益/万元	受益权重（%）
投资资金	股票、偏股型基金	2.43	54.84	10	0.24	70.80
	平衡型基金	1.00	22.58	6	0.06	17.50
	债券基金	1.00	22.58	4	0.04	11.70
总计		4.43	100	7.7	0.34	100

经测算，按照表 5-10 定投，这笔资金既可抵御未来通胀，又可为家庭提供可观的投资收益，可以基本上达到兼顾教育金、退休金的补充以及家庭临时开支等应急基金准备的预期。年投资 4.43 万

元，20 年定投情况见表 5-11。

表 5-11 投资资金 20 年定投价值表

投资资金 20 年定投价值表			
年度末	年投资金额/万元	预期收益率（％）	终值/万元
1	4. 43	7. 7	4. 8
2	4. 43	7. 7	9. 9
3	4. 43	7. 7	15. 5
4	4. 43	7. 7	21. 4
5	4. 43	7. 7	27. 9
10	4. 43	7. 7	68. 3
15	4. 43	7. 7	127. 0
20	4. 43	7. 7	212. 2

经过规划，我们发现张先生家庭的财务状况将有明显的改善。充分发挥了家庭结余资金的获利潜力，提高了投资性资产的比例，合理安排了家庭生活备用金、应急基金等各项生活所需。同时，家庭保险规划方案符合双十原则和 6∶3∶1 的保分配原则，能较好地满足各位家庭成员人身风险的保障。金融资产总额中，高风险高收益类资产占比合理，进可攻，退可守。既可获得资本市场长期发展的增值利益，又可有效规避不可预期的市场风险。

第三节 遗产归属案例

背景资料

李先生今年 40 岁，是李老先生和第一任妻子张女士之子。张女士去世后，李老先生和林女士于 1990 年结婚，育有一个女儿李珊。李老先生和林女士的家庭财产包括存款 480 万元，各种古玩字画收藏价值 800 万元。另外，李老先生 1989 年购买别墅一栋，现在价值 300 万元。李老先生 2010 年出版了名为《商海人生》的回忆录，获得稿费 180 万元。

2018 年 2 月，李老先生和林女士诉讼离婚。离婚期间，李老先生突发心脏病去世。在整理遗嘱期间，发现李老先生在不同时期留有 4 份遗嘱。1991 年自书遗嘱，将遗产在儿子李先生和林女士之间平分。2002 年自书遗嘱，将遗产在妻子林女士、儿子李先生、女儿李珊之间平分。2008 年，办理公证遗嘱，别墅由儿子李先生继承。李老先生病危时，在律师和主治医生的见证下，留下口头遗嘱，宣布自己之前所立的遗嘱全部无效。李老先生去世后，有一位夏先生，声称自己是李老先生的儿子，要求继承遗产。经亲子鉴定后，确认为李老先生的子女。

李先生能继承多少遗产？

遗产归属

李老先生最后的口头遗嘱撤销了 1991 年和 2002 年的两份自书遗嘱，但是不能撤销 2008 年的公证遗嘱。别墅为李老先生的个人财产，在他去世后成为遗产，按照公证遗嘱由儿子李先生继承。根据李老先生最后的口头遗嘱，其他遗产将按照法定继承处理。第一顺序的法定继承人为配偶、子女、父母。在本案例中，李先生在与林女士诉讼离婚期间去世，婚姻关系并未解除，林女士仍为他的配偶，有权继承李老先生的遗产。李先生和李珊是李老先生的婚生子女，有权继承他的遗产。夏先生是李老先生的私生子女，与婚生子女享有同等的继承权。所以，李老先生的法定继承人是妻子林女士、儿子李先生、儿子夏先生和女儿李珊，除别墅之外的遗产将在4人之间进行平分。李先生将获得别墅与1/4的其他遗产。